遇见兰花

赏·食·颂·养

张京京 著

U0207612

东北师范大学出版社

长 春

图书在版编目（CIP）数据

遇见兰花：赏·食·颂·养 / 张京京著. — 长春：
东北师范大学出版社，2020.10
ISBN 978-7-5681-7424-4

Ⅰ.①遇… Ⅱ.①张… Ⅲ.①兰科－花卉－普及读物
Ⅳ.①S682.31-49

中国版本图书馆CIP数据核字（2020）第213684号

□责任编辑：邓江英　　　　　　□封面设计：言之凿
□责任校对：刘彦妮　张小娅　　□责任印制：许　冰

东北师范大学出版社出版发行
长春净月经济开发区金宝街 118 号（邮政编码：130117）
电话：0431-84568115
网址：http://www.nenup.com
北京言之凿文化发展有限公司设计部制版
北京政采印刷服务有限公司印装
北京市中关村科技园区通州园金桥科技产业基地环科中路 17 号（邮编：101102）
2022年6月第1版　　2022年6月第1次印刷
幅面尺寸：170mm×240mm　印张：14.75　字数：238千

定价：45.00元

目录 CONTENTS

遇见兰花 赏·食·颂·养

颂扬兰花

4

兰花的繁殖

5

热带兰花的栽培与养护

6

病虫害防治

7

第一章　认识兰花

"花"字在商代甲骨文中做"蔘"，后逐渐演变为"华"，表现了盛开的花形和枝叶葱茏之状。在中国的花卉文化中，兰花占有重要地位，被视为君子之德、友谊之情、爱国之心等多种情感的象征。

兰花在植物分类学上，属于单子叶植物纲，单子叶植物的特征可以简单归纳为有一枚子叶，叶脉多为平行脉，没有维管形成层，维管束分散，花部基数为3，极少数情况下为4和5。兰花与单子叶植物中的鸢尾和百合的亲缘关系很近，它们常常被归入百合亚纲内。兰科植物是多年生草本植物，古谚有"树中银杏，花中牡丹，草中兰花"，因此，中国人称银杏为"国树"，牡丹为"国色"，兰花为"国香"。

兰科植物分布广泛，除了南北极以外均有分布，是仅次于菊科的种子植物第二大科，占了世界全部显花植物的十分之一，俗称"兰花"，约有800个属，2.5万种，其中99%以上的种类都属于兰亚科、树兰亚科和香荚兰亚科，这三个亚科通常具有兰科中最为独特的结构：蕊喙和花粉块。另外，在英国《国际散氏兰花杂种登记目录》中正式登记的人工杂交种约有4万种以上，并以每年1000余种的数字在增加。而且随着社会的进步，人足未至的深山幽谷中不断有新的原生兰种被发现。我国拥有兰科植物约175属、1300余种。在我国兰花简称国兰，是指兰科植物中的兰属植物的部分地生兰。兰属植物约有50多种，我国生长有30多种。世界上最小的兰花是马达加斯加岛上比蚊子还小的香马吉斯兰（Chamaeangis Heriotiana）；最大的兰花是长须兜兰（Paphiopedilum sanderianum）也称皇后兜兰，两个侧瓣呈飘带状下垂，犹如姑娘长长的辫子，通常长30～60厘米，罕有长达近1米。还有一种老虎兰（Grammatophyllum Speciosum）是兰花世界里的巨无霸，一丛巨兰重可达2吨，茎干可达3米，又称巨兰，因形似甘蔗，在原产地被称为甘蔗兰。

香马吉斯兰

长须兜兰　　　　　　　　　　老虎兰

在生活中我们经常听到一些花的名字里带"兰"字却不是兰花的植物，例如吊兰（百合科）、君子兰（石蒜科）、小苍兰（鸢尾科）、文殊兰（石蒜科）、虎皮兰（百合科）、紫罗兰（十字花科）等。因为这些花不具备兰科植物的标志性特征——合蕊柱。

第一节　兰花的形态特征

一、花

兰花是左右对称结构的花，自外向内由两轮花被组成：外轮的3枚花萼、内轮的3枚花瓣和最内侧的雌雄蕊合生的合蕊柱，简称六瓣一蕊。在某些属，如兜兰属，进化导致部分或所有萼片合生，但依然遵守这一基本模式。不过在大部分兰花中，花被都是离生的。6枚花被中的5枚在颜色和形状上都很相似，所以统称为"被片"。第6枚花被（实际上是位置最低的第三枚花瓣）的形状、大小和颜色则与它们相差巨大，成为唇瓣。

兰花的结构

1 萼片

兰花最外面一轮形状相似的3枚萼片，在艺兰术语中称为外三瓣，上面的上萼片称为主瓣，两侧的下萼片称为副瓣，俗称肩。萼片的形状和大小在国兰鉴赏中有着较为严格的要求，侧萼片的收放程度也是国兰瓣型品位高低的一个重要指标。

萼片和花瓣

2. 花瓣

兰花中间一轮的3枚是真正的花瓣，俗称内三瓣，其上侧2枚纵生平行，比外三瓣略短，俗称捧瓣，下侧1枚俗称唇瓣或舌瓣，一般色彩较为艳丽，形状也丰富多变，在整朵花中最具观赏价值。例如，兜兰的唇瓣异化成兜状，形似拖鞋，所以也称"拖鞋兰"，在台湾亦称为"仙履兰"；文心兰的唇瓣异化成裙状，整体好似一个身着盛装的舞女，所以也称"跳舞兰"。兰花的这种显著的特征是高度适应性进化的结果，可以为授粉昆虫提供着陆平台。

3. 蕊柱

一般两性花的雌蕊在花的中心部位，而雄蕊围绕在雌蕊的周围，有利于自花传粉。兰花则不然，兰花绝大部分为两性花，雌蕊和雄蕊合生，形成蕊柱，亦称合蕊柱，俗称鼻或香子，它是蕴藏香气的部分。很多花的名字有"兰"字却不是兰花，如吊兰、韭兰、君子兰、球兰、蜘蛛兰等，就是因为它们不具有兰花独特的"身份证"——合蕊柱。合蕊柱是区

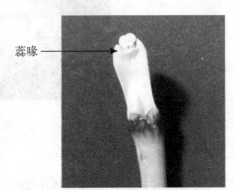

蕊喙 ←

卡特兰（金如意）的合蕊柱（箭头所指是蕊喙）

别兰科植物与其他植物的主要特征，虽然不同兰花的样子差别极大，但是其合蕊柱却惊人地相似。合蕊柱位于兰花的中心，为肉质棍棒状，稍弯曲，其顶端为雄蕊，雄蕊上端有一个小帽子（也叫药帽），这个小帽下面扣的就是花粉，兰花的花粉也不似其他植物般如粉状，而是形成团块状。兰花的花粉块由花粉团、花粉团柄、黏盘和黏盘柄组成。在合蕊柱的药帽下方具有黏性的凹陷部分便是兰花的雌蕊的柱头，只有当相应的花粉块准确地落入柱头窝内，才算授粉成功。在花粉块和柱头中间通常有一个舌状物，称为蕊喙，它的作用是将访花昆虫携带在头部和背部上的其他兰花的花粉块刮下来，然后这些花粉块会被戳到蕊喙下方呈槽状或洞状的柱头表面，花粉块的机械转移就此完成。蕊喙是兰科植物避免自花授粉的特有器官。

二、叶

兰科植物除少数腐生兰外，地生兰与附生兰均有较完整的叶片。兰叶的

形状、大小、数量、质地因种类而异。

兰叶的形状有片状叶与棍棒状叶。具片状叶的兰属、万代兰属及鸟舌兰属等叶片狭窄，卡特兰属、蝶兰属叶片较阔。具棍棒状叶的有万代兰属的一些种，新加坡的国花卓锦万代兰（Vanda Miss Joaquim）即为棍棒状叶。

兰叶的质地有厚有薄，有硬有软。在野生自然状态下，生长在疏林或阳坡阳光较强的地方，兰花叶片肥厚，有较厚的角质层；生长在密林光照较弱的条件下，叶片薄而软。

每一假鳞茎叶片的数量因种类而异，兰属的春兰一般为2~7枚，蕙兰为5~10枚，卡特兰属只具1枚或2枚叶片，单轴生长的万代兰属，其叶片随茎的生长而生长，通常具有10~20枚叶片或更多。

兰叶通常为绿色，光强的地方叶色较淡，光弱的地方叶色浓绿。有些作为观叶的兰花，叶色常具有对比色较强的斑纹、网纹及不同色彩的叶尖或边缘。斑叶兰属的一些种，深绿色的叶片具有银白色的网纹脉；开唇兰属的一些种，绿褐色的叶片有红褐色的网状脉；血叶兰紫红色至深绿色的叶片具有鲜红色或金黄色脉纹；长唇兰属在深浅不同的绿色叶片上常具有明亮的银白色、金黄色或红色网纹等。

国兰类的叶片可分为寻常叶和苞叶两种。从假球茎上蔟生出的叶称为寻常叶，呈线形或带形，无明显叶柄，叶束都一次长成，全缘或边缘有细锯齿，平行脉，常绿硬革质，叶面大多为暗绿色，叶背较淡，叶梢尖锐或圆钝。每5~8叶组成束，束在我国兰艺中俗称为筒或庄。不同的国兰种类叶片形态差异很大：春兰、蕙兰叶片较细狭，而墨兰、建兰叶片较宽大。叶姿在国兰鉴赏中的整体要求是"花叶搭配协调"。元代张羽的《咏兰叶》："泣露光偏乱，含风影自斜。俗人那解此，看叶胜看花。"就是人们欣赏兰叶的写照。

寻常叶和苞叶

苞叶，就是包在花茎上的变态叶，由于退化变成膜质鳞片状，基部为鞘形，俗称为壳，在植物学上称为苞叶，它主要起着保护花蕾的作用。

第一章 认识兰花

三、茎

1. 茎的形态

不同兰花种类的茎的形态差异很大，可以分为直立茎、根状茎及假鳞茎三种：

（1）直立茎：如万代兰、蝴蝶兰等的叶片生长在茎的两侧，顶端新叶不断地长出，下部分的叶片逐渐衰老脱落，茎直立向上生长，在茎的下部不断有气生根冒出。蝴蝶兰的茎节较短，万代兰的茎节很长。

（2）根状茎：其节上生根，并能长出新芽，基部不膨大增粗。根状茎常生长在地下，假鳞茎着生其上，有的根状茎很短，假鳞茎则非常密集。在温暖条件下根状茎较长，常爬至地表，假鳞茎则稀疏排列其上。例如，金线兰、兜兰等都属于这一类。

（3）假鳞茎：为一种变态的茎，实际上并没有鳞片，与百合、水仙等的鳞茎完全不同。假鳞茎上有节，每节有芽点若干个，是长根、发芽和花苞的地方。外围一般由苞叶（俗称甲壳）包围。老龄时叶片脱落，假鳞茎裸露。例如，国兰、大花蕙兰、天鹅兰等。假鳞茎其实是合轴兰花加粗的气生茎，膨大而短缩，通常为卵球形至椭圆形，是兰花贮存营养物质与水分的主要器官，可以进行光合作用，并生长叶片和花。

玫瑰毛兰的假鳞茎

2. 茎的分类

（1）单轴性茎。单轴生长的兰花只有一种茎——那就是气生茎，茎干直立，只有一个生长点，不能产生侧芽，所以很难靠分株繁殖，只可以借着生长点不断向上生长。常见的种类有蝴蝶兰、万代兰、钻喙兰、风兰等。

（2）合轴性茎。合轴生长的兰花有两种茎：水平生长并长出根系的根状茎和沿着根状茎间断抽出并生长叶和花的气生茎。合轴性茎有多个生长点，生长过程中能不断产生侧芽。合轴性茎的兰花除在植株基部萌蘖产生新植株外，有的还可以在茎上产生不定芽，形成新的植株。常见的种类有国兰、大花蕙兰、卡特兰、文心兰、兜兰等。

蝴蝶兰茎上生长的气生茎和花梗

四、根

由于兰花生活方式的不同，有地生根与附生根（气生根）两种不同的根。生长在地下的称为地生根，生长在空气中的称为气生根。虽然均有分枝，但无主侧根之分。

石斛兰的附生根　　　　　　　蝴蝶兰幼苗的附生根

（1）地生根：着生于假鳞茎的基部，多数根形成根群，肉质，圆柱形，灰白色，有的有根毛，有的无根毛，多向地下生长，吸收土壤中的营养物质与水分。

（2）附生根：又叫气生根，着生于假鳞茎基部或茎上，常为圆柱形或扁圆形，附生于寄主树杈、树干老皮裂缝或岩石缝隙，常呈绿色，具有较多的叶绿素，可进行光合作用，起到自空气中吸收水分及制造营养物质的作用，同时起到固定植物体的作用。

兰根的内部结构为典型的单子叶植物类型。它的皮层细胞较为发达，有

共生的真菌称为根菌。最外层是根被组织，它导源于表皮组织。兰根的中层为皮层组织，细胞比较发达，约有20层多角形的细胞，厚度约为根被组织的3倍，占根的大部分，能防止水分蒸发散失，抓住空气中的水蒸气及储存养分，有些种类具有叶绿素，能进行光合作用。兰根的内层为中心柱，中心柱最外层与皮层相接的为内皮层，内皮细胞上凯氏带很发达。紧贴内皮层的为一层维管束鞘。内皮层与维管束鞘都有两种不同构造的细胞。在韧皮部外周的为厚壁细胞；在木质部外周的则为薄壁细胞。厚壁细胞主要是加强根的强度，薄壁细胞是输导组织，用来输送水分和养分。

五、果 实

兰花为虫媒花，开花时经昆虫或鸟类传粉后，子房发育称蒴果，蒴果呈三棱形柱状体，俗称"兰荪"。初为绿色，逐渐转为黄色至褐色，成熟后自然开裂，散发出种子。

铁皮石斛的果实和种子

实体显微镜下的纹瓣兰种子

六、种 子

兰花每一蒴果里有种子数千粒至百万粒，种子非常细小，呈粉末状，长度仅0.3～0.5毫米，重量只有0.3～0.5微克，一般呈长纺锤形，白色或黄白色，从授粉到结实需要很长的一段时间，由几个月到1～2年。兰花的种子没有胚乳，种皮为一层透明的薄壁细胞，外有加厚的环纹起到保护种子的作用，内含大量空气，不易吸收水分。兰花种子的胚多未成熟或发育不全，和许多其他高等植物不同，兰花胚胎不分化成胚根、胚芽和子叶等器官，仅仅是一团组织（原球茎），贮藏的营养物质极少，主要是脂肪，不易发芽，需依靠真菌的菌丝刺透兰花的种子为胚胎提供养分始可萌发。真菌菌丝渗透在原球茎周围的基质中，降解有机物，释放出可被刚刚萌发的兰花胚胎吸收的矿物质和养分。原球茎一旦能够进行光合作用，兰花和真菌就建立起了延续一生的共生关系。因此，兰花种子在自然条件下的萌发率极低。原产委内瑞拉的天鹅兰的一个长12厘米的种荚内能够容纳370万粒种子，但是，在野外数百万的兰花种子只有极少数可以萌发。因此，兰花并不是植物界个体数量最占优势的开拓者，而是靠风力携带着轻巧的种子到达世界各地，通过自身的进化从而开发利用各种生态位。

来自不同属的兰花种子彩绘放大图，
尺寸从0.3毫米到2毫米

第二节　兰花的分类

按照中国传统的园艺学，可将兰花分为国兰与洋兰；按照兰花的用途，可将兰花分为观赏兰科植物及药用兰科植物；按照兰花的生态类型，可将兰花分为附生兰、地生兰及腐生兰三大类。

一、按园艺学分类

1. 国兰

传统意义上的国兰是指原产于我国的兰属的一些地生兰种类，春天开花的春兰；初夏开花的夏兰（蕙兰）；秋天开花的秋兰（建兰）；初冬、冬季开花的冬兰（寒兰）；冬、春开花的墨兰（报岁兰）五大类。古人所谓的兰花基本就是特指现在的国兰。

（1）春兰。春兰植株矮小，又名草兰、山兰、扑地兰等。叶长20～40

厘米，株叶4～6枚，1—3月份开花。花朵小巧玲珑，一般花开1～2朵，花形多变，花芽一般在夏末秋初形成，要求冬季至少有40天以上的0～10℃的低温春化处理才能正常开花，否则其花品质下降或花芽败育，不能正常开放，春兰的香味醇正、持久、沁人心脾，深受人们喜爱。春兰是我国民间栽培较早、现存传统名品最多、栽培范围最广且栽培人数最多的国兰之一，是地生兰中最耐寒的种类之一。

春兰

典型代表品种有春兰老八种：宋梅、集圆、龙字、万字、汪字、小打梅、贺神梅、桂圆梅。其中宋梅、集圆、龙字、万字在日本兰界又被尊称为春兰"四大天王"，宋梅与龙字又合称为"国兰双璧"。

（2）蕙兰。蕙兰植株高大，自然界生长的蕙兰叶长50～100厘米，7～15枚丛生，细长，直立性强。花序直立，3—5月份开花，花梗上生着9枚左右的花朵，因此又叫九华兰、九节兰，香气比春兰浓烈。蕙兰栽培历史悠久，品种极多，主产湖北、湖南、陕西、浙江、江苏等地，是分布最北和最耐寒的兰属植物之一。

蕙兰是抗性很强的兰花种类，适合广大北方地区种植。跟春兰一样，蕙兰花芽一般也在夏末秋初形成，翌年春季开花。蕙兰花芽的发育对春化的要求更高，春化所需的时间更长，要求的温度更低，一般蕙兰要求冬季至少有60天以上的0～5℃低温春化处理，才能正常开花。

蕙兰

典型代表品种有蕙兰老八种：大一品、程梅、关顶、元字、老染字、老上海梅、潘绿、荡字；蕙兰新八种：楼梅、翠萼、老极品、庆华梅、江南新极品、端梅、崔梅、荣梅。

（3）秋兰。秋兰最早开发于福建，因而也叫建兰。由于秋兰开花季节长，从盛夏到深秋会多次开花，因此又叫四季兰。秋兰叶长20～40厘米，株叶只有3～5片。一杆多化，郁香，化期6—11月。

秋兰

建兰原产地温度较高，所以养护时只要温度适宜，一年四季均能不断生长、开花。建兰是国兰中唯一可以一年之中多次开花的种类。建兰假鳞茎硕大，抗性强，在我国南方地区广泛栽培，目前广东及福建地区生产的建兰品种"小桃红""铁骨素"大量出口日本、韩国等地，是我国出口的主要兰

11

花种类。

典型代表品种有：红一品、君荷、小桃红、铁骨素、青神梅、中华水仙、夏皇梅、绿光登、四季集圆等。

（4）寒兰。寒兰仅分布于南方局部省份，叶长30～60厘米，有细叶和宽叶之分。细叶寒兰的花瓣大多有黄、白复轮，株叶3～5片，一莛多花，清香，花期10—12月，按花色可将寒兰分为紫寒兰和青寒兰两大类。

寒兰因其萼片狭窄，以"鸡爪瓣"见多，不符合传统国兰的瓣型审美标准，故一直不受重视。近年来，由于审美风格的转变，寒兰的飘逸及淡雅越来越受到人们的喜爱。寒兰也是日本人最喜欢的国兰种类之一，常见于日系园林造园及居室中。

寒兰

典型代表品种有：应钦素、丰雪、青鸟、含香梅、博雅、雪中红、朱砂兰、醉芙蓉、皓雪、儒仙、文荷、逸仙等。

（5）墨兰。墨兰因其花期在春节附近，所以又名"报岁兰"。墨兰是两广、福建、台湾等地人们十分喜爱的兰花种类。叶剑形，长30～60厘米，有光泽，深绿色，株型威武雄壮，适合在厅堂、宾馆摆放。花序直立，一箭有十余朵花，欠香。花期9月至翌年的3月，由于花期恰逢元旦、春节，因此南方人将墨兰作为春节喜庆的摆设和探亲访友的礼品，因而墨兰就有报岁兰、拜岁兰、丰岁兰、入岁兰、入斋兰等别称。

墨兰

典型代表品种有：闽南大梅、大屯麒麟、南海梅、金太阳、桃姬、企黑、徽州墨、金华山、大石门、大勋、万代福、鹤之华、日向、养老等。其中企黑、徽州墨、金华山同建兰一样，也是我国大宗出口的几个国兰品种。

2. 洋兰

洋兰，又称为热带兰，是泛指

分布于低纬度的热带、亚热带地区具有明显的气生根和附生习性的兰科植物。热带兰的种类很多，如卡特兰、蝴蝶兰、大花蕙兰、石斛兰、文心兰、兜兰、万代兰、猴面兰等。热带兰花朵硕大，花形奇特多姿，花期可达3个月左右。

（1）卡特兰。卡特兰也曾被称为卡特利亚兰或嘉德丽亚兰，属名Cattleya，属园艺杂交种。其花大、雍容华丽，花色娇艳多变，花朵芳香馥郁，在国际上有"洋兰之王"的美称。

卡特兰

（2）蝴蝶兰。又称蝶兰，属名Phalaenopsis，因其花形似蝶，故名。此属原产地为热带亚洲至澳大利亚，我国台湾出产最多。目前蝴蝶兰属已发现70多个原生种，全部为附生兰。由于花大，花期长，花色艳丽，色泽丰富，花形美丽别致，如蝴蝶翩翩飞舞，深受人们喜爱，百赏不厌，被誉为"洋兰皇后"。

蝴蝶兰

（3）石斛兰。又称石斛，兰科石斛属（Dendrobium）植物的总称。野生原生种约有1600种，是兰科中最大的属。原产亚洲和大洋洲的热带和亚热

13

带地区。目前，泰国、新西兰、马来西亚为石斛属植物的栽培中心。石斛兰分为两种，一种为春石斛，春季开花，花梗由两侧茎节处抽出，为腋生花序，花期可达2个月，常作为盆栽栽培观赏。另一种为秋石斛，秋季开花，花梗由假鳞茎顶端抽出，即顶生花序，每梗着花可达一二十朵，花期超过一个月，是流行的切花种类，也有少量作为盆花栽培。由于石斛兰具有秉性刚强、祥和可亲的气质，因此被誉为"父亲之花"。

石斛兰

中国有60多种石斛属植物，多附生于岩石和树干上。在我国古代，石斛主要用作中药，而非观赏植物。"石"与"斛"均为古代较大的容量单位。因石斛生长在人迹罕至的高山悬崖峭壁上，十分稀少，采摘时有时会付出生命的代价，于是古人就用当时最大的容量单位来命名，以表示它的珍贵，可见石斛在古代人心中的地位。

现代药理学研究表明，石斛具有抗氧化、抗衰老、改善肝功能、治疗白内障、增强人体免疫力、降血糖、抗血栓、抗肿瘤、抗诱变、抗菌、促消化等作用。

（4）万代兰。万代兰是万代兰属植物总称。该属植物有60~80种，是典型的附生兰，为单轴类茎的热带兰，其肥厚的圆柱状气生根不断从茎干上长出，而且一定要和空气有直接接触，万代兰通常不采用基质栽培，而用网篮作为容器进行悬吊栽培观赏，将其根系裸露于空气中，也方便人们欣赏其壮观的气生根。其学名Vanda原为印度一带的乌尔都语，意思是挂在树身上的兰花。新加坡把万代兰作为国花，又称"胡姬花"。

万代兰的花色繁多，从黄色、红色、紫色到蓝色都有，其花萼发达，尤其是两片侧萼更大，是整朵花最惹眼的部分，但其花瓣较小。唇瓣更小，其花期很长，常常一朵花可以连

万代兰

续开放几个星期，而且只要条件合适，可以
周年开花，不少种类的花朵还有香味。

（5）文心兰。文心兰是文心兰属植物
的总称，常被称为跳舞兰、金蝶兰、瘤瓣
兰等。原生种多达750种以上，大多为附生
兰，少数为半附生或地生兰。文心兰植株轻
巧潇洒，花茎轻盈下垂，花朵奇异可爱，形
似飞翔的金蝶或舞动的姑娘，极富动感，是
一种极具观赏价值的兰花，既可做切花用，
又可做盆花栽培，是加工花束、小花篮的
高档用花材料，也适合于家庭居室和办公
室装饰。

文心兰

（6）大花蕙兰。大花蕙兰又名虎头兰、喜姆比兰、蝉兰，为兰科兰属
植物，是主要以兰属中的一些附生性较强的大花种为亲本获得的人工杂交种
的统称。大花蕙兰叶长碧绿，花姿粗狂，豪放壮丽，既有国兰之幽香典雅，
又有洋兰的丰富多彩，是世界上著名的"兰花新星"。按其花序形态可分为
直立型与垂吊型。由于大花蕙兰植株优美、花色艳丽、花朵硕大、花期持
久，多用于厅堂布置，再加上其自然花期多在岁末年初，因此，在国内外市
场上极受欢迎，是最畅销的兰花种类之一。

大花蕙兰

（7）兜兰。兜兰是兜兰属（Paphiopedilum）植物的总称，兜兰属是兰
科的一个濒危类群，堪称"植物大熊猫"，全世界已知种类的兜兰属植物有
80余种，全部产于亚洲的热带和亚热带地区，其中三分之一产自中国。就种

类而言，中国是世界上兜兰属植物最丰富的国家。兜兰的花十分奇特，唇瓣呈口袋形，如拖鞋的鞋头。背萼极发达，有各种艳丽的花纹；两片侧萼合生在一起；花瓣较厚，花期可达6周以上，并且四季都有开花的种类。目前主要在欧洲地区生产较多，国内市场需求潜力巨大，是值得开发生产的兰花种类之一，也是发展小型盆栽产业的新兴品种。

布玲兜兰

岩地兜兰

由于兜兰属中几乎所有的种类都具有艳丽的花朵和较长的花期，因此在19世纪就开始被园艺界广泛引种栽培。其中早期被引入英国栽培的是原产于印度的秀丽兜兰，它在1819年开花，于1820年被正式描述与命名，成为兜兰属第一个新种。在国产种类中，最早被引种栽培的是紫纹兜兰，于1837年正式发表，是世界上第三个被正式记录的兜兰。

秀丽兜兰

密毛兜兰

兜兰属植物是兰科植物中最具欣赏价值的物种之一，而我国特产的杏黄兜兰因其非常罕见的杏黄花色，填补了兜兰中的黄色花系的空白。当陈心启和刘芳媛1982年培养的新种杏黄兜兰于1983年首次在美国展出时，人们无不为那令人炫目的花朵所折服，以致评委们给出美国兰花协会主办的国际兰展历来大奖中破纪录的最高分（92分）。此后直到1992年，杏黄兜兰及其变种与杂种，共获得美国兰花协会大奖71次，最高评分97分。这在整个兰花史上是没有先例的。杏黄兜兰常与开粉色花的硬叶兜兰合称为"金童玉女"，因其硕大、浑圆的唇兜与拖鞋很相似，故又有"金拖"（杏黄兜兰）、"银拖"（硬叶兜兰）、"玉拖"（麻栗坡兜兰）的雅称。

杏黄兜兰和硬叶兜兰　　　　　　　麻栗坡兜兰

通过对杏黄兜兰的传粉观察，发现它们采取了食源性欺骗的传粉策略。与杏黄兜兰伴生而且花期相同的植物是金丝桃科的黄花香。此种植物的花与杏黄兜兰的花色泽相同，并具有淡紫褐色的雄蕊群，与杏黄兜兰退化雄蕊的斑纹相似，而且还发出淡淡的油菜花香味，这种香味与杏黄兜兰花的香味相同。显然，杏黄兜兰是模拟黄花香的花色、花姿和花香，欺骗寻找蜜源的长尾管蚜蝇为其传粉的。通过检测还发现杏黄兜兰的花粉为脂质，花粉活力和柱头可授性在花朵开放期内具有同步性，而花粉在柱头凋落后仍具有活力，去除了雄蕊可明显延长花朵开放时间。

关于兜兰有一个美丽动人的传说。希腊文Paphos是指爱琴海中赛普鲁斯岛上的一个地名，该地以供奉爱神维纳斯的庙宇闻名。传说宙斯有七个漂亮、顽皮的女儿，她们偶然得知人间有位富翁拥有一个种满了奇花异草的花园，于是常在下午洗过澡后瞒着父母，穿着长长的睡袍和美丽的拖鞋溜到花园游玩，总要玩到天黑才匆忙赶回家。起初花园中的百花和小草都展开笑颜欢迎这些美丽的小仙女，七仙女则尽情地在花园中游玩和捉迷藏，日子久了，仙女们的玩耍践踏让小花小草吃尽了苦头。一天花草们趁维纳斯不注意时，故意将她绊倒，并且将她失落的拖鞋伪装成花瓣藏在兰花丛中，仙女们怎么也找不着，只好带着光脚的维纳斯在天门关闭之前赶紧回家，回到天庭，在赫拉的追问下，小仙女们说出了实情，从此七位小仙女被禁止下凡，而花园里的小花小草也因此重获安宁，至于维纳斯留下的拖鞋，则永久地留在了兰花的花瓣上，变成了拖鞋兰。

兜兰属、美洲兜兰属、杓兰属和半月兰属的兰花因唇瓣发育成膨大的袋状，因而都俗称为"拖鞋兰"。

（8）猴面兰。猴面兰，是对兰科小龙兰属植物的俗称，均原产在中南美洲海拔1000～2000米的山地雨林中。猴面兰的3枚花萼较大，相互联合在一起，构成猴脸的轮廓，末端均有一个细长的小尾巴。花瓣极度缩小，其中有2枚长在花朵中心的两侧，颜色为深褐色，正好组成了猴子的"眼睛"。"眼睛"中间有个突起，如同"猴鼻"一样，这便是合蕊柱。而活灵活现的"猴嘴"，则是由唇瓣组成。猴面兰长得这么像猴子，难道是为了吸引猴子的注意吗？当然不是！其实小龙兰模仿的是自己的邻居——真菌。研究者发现小龙兰的唇瓣就像一个倒扣的蘑菇，内壁还有类似蘑菇菌褶的结构，甚至能散发出和自己栖息地的蘑菇类似的气味。小龙兰如此煞费苦心地拟态，是为了吸引食腐的蕈蚊前来授粉。这种兰花能够在任何季节开花，所散发出的气味与成熟的橘子类似。

猴面兰

（9）腋唇兰。腋唇兰俗称"咖啡兰"，原产于南美洲。植株基部有扁平的假鳞茎，每个假鳞茎基部可以抽出一个花梗，开花2～3朵，花径约3～5厘米，花朵具有浓郁的奶油巧克力香味。花期为春末至夏初，正值其他兰花少花期，很好地填补了这段花期的空白，加上其浓郁的奶油香味，颇受人们喜爱。但由于其香味过于浓郁，因此应尽量放置在通风处，否则在密闭的空间容易让人产生头痛、眩晕的感觉。

腋唇兰

（10）树兰。树兰是树兰属植物的总称，是兰科中最大的属之一，有1000多个原生种，广泛分布在美洲热带地区，常附生在树干或存有腐殖土的岩石上，或生长在落叶林下的腐殖土中。总状花序一般着生于顶端，花色艳丽丰富。

树兰

（11）米尔特兰。米尔特兰是米尔特兰属植物的总称，该属植物原产于南美洲的巴西、阿根廷、巴拉圭、秘鲁等国。米尔特兰具有匍匐状的根状茎，假鳞茎为扁卵形至长椭圆形。顶生2～3枚叶，叶纸质。总状花序腋生于假鳞茎基部，约20厘米长，直立或弯曲呈弓形，具有数个膜质的苞片，其上着生美丽的花朵。其花朵大型，纸质，花径可达10厘米，花色为红紫色至艳丽的紫色，唇瓣扩大为宽卵形，唇瓣与蕊柱的相连处有一块黄色的附属物，形成明亮的对比，观赏价值极高。米尔特兰叶片清秀挺立，叶腋中抽出的花箭着满了娇艳欲滴的花朵。其花期长，着花多，开花时花团锦簇，颇为壮观，花期可持续3个月左右。

米尔特兰是近几年才引入我国的，其花朵与文心兰外形相似，但米尔特兰的花色更为艳丽，花朵也更大，是一种新优的盆栽花卉，具有广阔的市场前景。

米尔特兰

（12）火焰兰。火焰兰是一种生命力很强的野生兰，是典型的气生植物，耐干旱和强光，一般生长在岩石、树干等比较裸露的地方；茎攀缘，粗壮，质地坚硬，圆柱形，花开6瓣，状如少女的尾指，纤长而不失丰腴之态；花萼之间是白里泛黄的花蕊，与火红的花萼形成了鲜明的对比，唇瓣3裂。火焰兰易于人工栽培，投入小而成活率高，具有较高的经济价值，火焰兰的花期为4—6个月，花期很长，一两个月都不会凋零，极具开发价值。

火焰兰

（13）竹叶兰。竹叶兰是竹叶兰属的地生兰，全属约五种，分布于热带亚洲至太平洋岛屿。我国产一种，广泛分布于长江以南各省区。茎直立，不分枝，较坚挺，常数个丛生或成片生长。花序顶生，不分枝或稍分枝，具2~10朵花，但每次仅开1朵花，花色为粉红色，或略带紫色或白色；花果期为9—11月或1—4月。生长适温16℃~28℃，易栽培，喜较强的光照，在全光照下也生长良好。全草均可入药，具有清热解毒，祛风湿和消炎利尿之功效。

竹叶兰

二、按兰花的用途分类

按照兰花的用途，可以将兰花分为观赏兰科植物和药用兰科植物两大类。这部分内容详见第二章"鉴赏兰花"和第三章"品尝兰花"。

三、按兰花的生态类型分类

兰科植物生存方式基本上有附生兰、地生兰及腐生兰三大类，而以附生兰占绝大多数。

1. 附生兰

根据植物的生长习性可以分为地生、附生、岩生和腐生。其中附生植物就是生长在其他植物上的植物，并不剥夺宿主的营养，只是在高处寻找生长位置的植物，不同于寄生植物；岩生植物像附生植物一样，为了避免地上的浓荫而寻找位置更高的栖息地，只不过它们找的不是大树，而是岩石。

附生兰是指根系依附于岩石或树干之上，裸露而生的兰花种类。很多附生

兰的气生根的根尖呈绿色，具有叶绿素，可以进行光合作用，同时亦可吸收空气中的水分，并可自树杈、树皮缝及石隙中积存长久并已腐烂分解的生物遗体中吸取营养物质。它们不从寄主植物体内吸取营养，而只是单纯的寄居关系。

作为潮湿热带和亚热带地区的标志性现象，附生生活表现在多种植物上，包括蕨类、天南星科植物和榕科植物。对于凤梨科和兰科植物来说，这是在竞争激烈的森林中生存的必备本领，这两个科中超过一半的物种都是附生植物。在中南美洲的森林里，这两个科的物种常常生长在一起，在宿主的树干上长成茂密的群落，就像一个个大树上的花园。与地生兰相比，附生兰要求栽培基质更为疏松、透气，一般采用树皮或水苔进行栽培。

常见的有：万代兰属、蝴蝶兰属、卡特兰属、密尔顿兰属、齿舌兰属、柏拉兰属、长萼兰属及兰属中的一些大花种类，如象牙白、虎头兰、西藏虎头兰等。

2. 地生兰

地生兰是指根系生长在富含有机质的土壤中的一类较耐寒的兰花，大都有根毛，依靠根从土壤中吸取水和无机盐，大多数原产于温带及较寒冷的地区，热带及亚热带地区亦有少数种。这一类型的所有兰花，至少是野外生存的兰花，都依赖和真菌的共生关系。真菌在兰花种子萌发时为兰花胚胎提供生命必需的营养物质，幼苗在生命早期部分阶段是以地下原球茎的状态存在的，没有叶绿素，无法光合作用，依赖共生真菌才能存活，当这些原球茎长出暴露在空气中的茎叶并进行光合作用时，就可以打破对真菌的完全依赖。但是成年兰花也会从菌根共生中受益：根系真菌降解有机质，为植物提供营养；兰花通过光合作用生产的糖类提供给真菌。常见的地生兰有兰属、白芨属、鹤顶兰属、杓兰属、玉凤花属、兜兰属等。

3. 腐生兰

腐生兰是指从腐烂的动植物遗体上获得养分的兰花种类。终年生长在地表下，与真菌共生，有的开花时伸出土表，有的开花也不出土。无绿色叶，不能进行光合作用，而是靠生活在其块茎中的真菌提供营养，维持生命。由于其生态系统难以效仿，而且所依赖的共生关系十分脆弱，因此腐生兰几乎不可能进行人工栽培。从野外挖掘的植株可能在花园存活一段时间，然后就会死掉，不过，最近日本种植者已经在花盆里成功栽培了原产日本的腐生兰天麻属植物。常见的腐生兰有：大根兰、多根兰、天麻、虎舌兰、珊瑚兰、鸟巢兰等。其中一些种类的块茎可以药用，如名贵中药天麻在1000多年前就被我国作为药用植物，而且目前我国的天麻人工栽培技术已经十分成熟。

腐生兰

丹霞兰，腐生兰的一种，终生无绿叶，依靠与真菌共生来为植株生长提供营养，是深圳市国家兰科中心科学家在广东丹霞地貌发现的一个新属，故称之为"丹霞兰"，属于布袋兰族的一员。

丹霞兰

毛萼山珊瑚，是山珊瑚兰属典型的腐生植物，无绿叶，会长出扭曲的黄褐色茎，就像中了毒且没有叶片的树藤一样向上攀爬，茎上开着蜡质花，会

23

结出珊瑚红色的豆荚状果实。山珊瑚兰在20天内可以长到20米高，堪称全世界最高也是生长速度最快的兰花。

毛萼山珊瑚

第三节　兰花的生长繁殖

如果要问什么动物最聪明，你一定会说那肯定是人类，因为人类懂得物为我用。那么最聪明的植物是什么？不同的人可能给出的答案相差甚远。但如果从物为我用的角度来看，无疑兰花是植物中最聪明的。兰花从种子萌发、生长一直到开花结果的过程中，都巧妙地利用其他生物来帮助完成兰花的生活史。

一、生长策略

兰科植物的果实都不大，但小小的果荚中却藏着几万，甚至上百万颗种子。兰花的种子虽多，但是体积很小，结构简单，种子中外种皮占绝大部分，胚很小，只占种子的十分之一左右，外种皮的内部具有许多充满空气的腔，因而兰花种子非常轻巧。同时外种皮表面具有一层排列紧密的细胞，这样水就不容易很快渗透到种子中去，从而使兰花种子可以借助风力和水流传播到更远的地方。

兰花种子的胚没有可供发芽和幼苗生长的胚乳，那么它是如何萌发和生长的呢？兰花种子萌发时依靠消化侵入的真菌菌丝为自身生长提供营养，这种共生关系几乎存在于所有兰科植物中，不同种类的兰花对不同种类的真菌有着特殊喜好，甚至一些种类在不同的生长发育阶段需要不同的真菌种类来帮忙，最典型的例子要数著名的药用植物天麻。我国科学家通过近30年的研究首次发现天麻种子在萌发和幼苗生长阶段需要利用名叫小菇类的真菌来帮助获得营养而发芽，待发芽后的幼苗（原球茎）生长出其他繁殖球茎后，则需要和一种叫蜜环菌的真菌来帮助其生长和发育。因此，微小的兰花种子在萌发和幼苗生长这一关键而又艰难的时期，能巧妙地借助真菌的帮助而在其他植物难以生存的地方生存繁衍。

兰花在从种子到幼苗的生长过程中采取的是一种广种薄收的策略，产生数目庞大的种子，但只有极少部分种子能够萌发生长为成熟植株；在从开花到结果的过程中则采取了一种完全不同的孤注一掷的策略。

二、繁殖策略

兰科植物是一类非常"智慧"的善于进化的群体，它们不仅进化出十分精巧的花结构，而且在传粉与生殖方面具有独特的策略。

大多数兰花为两性花，只在龙须兰属、肉唇兰属、飘唇兰属和鸟足兰属等极少数的属中发现有两性花、雌花、雄花或两性株、雌株、雄株同时存在的现象。兰花属于虫媒花，花中精巧的构造或装置，在适应虫媒传粉方面几乎是尽善尽美的，所以兰科植物是研究植物与昆虫协同进化的绝好"财富"，这或许正是达尔文对兰科植物"发狂"的原因。

兰科植物的花被大多由3枚萼片、2枚侧生花瓣和1枚中央唇瓣组成。唇瓣通常较大，特化成各种造型，上面常生有种种附属物，基部常形成具有蜜腺的囊或中空圆筒状的距，由于花梗或子房的扭转或弯曲，唇瓣常常位于花的下方，成为昆虫访花的降落台。花的中央有一个柱状体，称蕊柱，它是雌蕊和雄蕊的合生体。在合蕊柱的最前端有一个小帽子（药帽），这个小帽子下面扣的就是花粉块，雌蕊的柱头变成一个小空腔，这个空腔就成为花粉着陆和萌发的平台。在柱头的上方，由柱头上的裂片变成的舌状结构称蕊喙，蕊喙上方就是花药，通过蕊喙这个结构把合蕊柱上面的花粉团与下面的柱头

分隔开，可以防止兰花自花授粉。在花药中的花粉已黏合成有固定形状的团块，称花粉团，花粉团的一端变为长短不一的柄状物，称花粉团柄，花粉团、花粉团柄和来自柱头的黏盘和黏盘柄一起组成了花粉块。所以花粉块是雌雄合体的器官，它在异花传粉中扮演了关键的角色。

一般情况下，昆虫首先降落在兰花的唇瓣上，向花心处取食花蜜时其背部会将合蕊柱上的药帽顶开并触碰到蕊喙，由于花粉块通过黏盘和蕊喙相连，所以当其退出时，黏盘便连带整个花粉块黏附在昆虫身上。当昆虫飞到另外一朵兰花上，在向花心处移动时又会将身上的花粉块蹭到柱头窝处，并被柱头分泌的黏液黏住，完成授粉过程。达尔文曾对兰花的复杂结构及昆虫奇妙的传粉机制进行过深入观察，他在《兰科植物的受精》一书中对兰花的传粉过程进行了系统的描述。他曾经在给著名植物学家Joseph Dalton Hooker的信中写道："在我的一生中，再没有什么比研究兰花更感兴趣的事了！"

兰花的孤注一掷策略主要表现在一方面它将所有的花粉均集结成为花粉块，要么传粉者将所有的花粉带走并授到柱头上，从而保证有足够量的花粉与子房中的卵细胞结合，最后生长发育出数目庞大的种子；要么花粉块无法到达柱头全部被浪费掉。在整个有花植物中，只有兰科和萝摩科的植物采取这种"不成功便成仁"的策略。

另一方面，每种兰花的花只吸引一种或一类特定传粉者来访问。这样可以使得一种兰花的花结构和其传粉者十分吻合，从而极大地提高了兰花的传粉效率。但同时兰花这种只吸引一种或一类传粉者来访问的策略意味着另一种风险，即这种特定的传粉者如果比较稀少，则一些兰花就得不到传粉者的访问而不能正常结实繁衍后代。因此，如何尽最大可能吸引传粉者的"眼球"就成为兰花的重要任务。多数兰花与其他植物一样通过为传粉者提供营养物质作为报酬的方式来吸引传粉者的拜访，这些营养物质主要包括花蜜等；有时兰花还为传粉者如胡蜂和蜜蜂等提供筑巢的物质，如蜡或油脂类物质等作为报酬。为传粉者提供报酬，植物本身要付出能量作为代价。为了准确地将有限的报酬提供给最能为兰花传粉的功臣，兰花就将自己的报酬隐藏在隐蔽的位置，只有特殊的传粉者才能获取到这些报酬，其中最著名的例子就是达尔文提出的花距长度和昆虫口器的长度相互竞赛的故事。

达尔文在1862年观察到马达加斯加群岛所产的一种叫长距彗星兰

（Angraecum Sesquipedale，别名：长距武夷兰）的兰花，它的唇瓣基部具有一条长达30厘米的圆筒状细距，距的末端盛满花蜜。当时达尔文就推测该岛上一定会有一种口器的长度与该兰花的花距长度相当的昆虫为这种兰花传粉，因为达尔文认为花距长度和昆虫口器的长度是昆虫和植物协同进化的选择力量决定的。此预言曾经受到人们的嘲笑。然而，在达尔文的《兰科植物的受精》这本书面世41年后，瑞士科学家在马达加斯加群岛终于发现了这种武夷兰的传粉者——一种长吻天蛾，它的口器的长度正好在30厘米左右。该发现验证了达尔文的预测是正确的，同时也证明了昆虫和植物之间协同进化关系的存在。

长吻天蛾为长距彗星兰传粉

大多数兰科植物的花粉被打包成块状，不给传粉者取食的机会。虽然不提供花粉，有些兰花还是会给传粉者提供花蜜或者蜡质等好处。然而兰花家族里有三分之一的成员是不折不扣的"铁公鸡"，在享受传粉服务的同时不给传粉者任何好处。它们剥削"雇工"的方式千奇百怪，比起周扒皮来毫不逊色。

1. 蕙兰的"色香引诱"

有些兰花将自己装扮得像有花蜜的花朵一样，如国兰中的蕙兰，其花瓣上那些栗红色的斑点是蜜蜂等昆虫的最爱，因为它们的存在代表着有食物，这种斑点被称为"蜜导"。虽然蕙兰花中空空如也，唇瓣上却长满了深色斑点，相当于打出了"此处供蜜"的招牌。如果有只可怜的蜜蜂不辨真假，钻进蕙兰花中找蜜吃，就只能乖乖地为蕙兰无偿传粉了。除了假"蜜导"，蕙兰还会发出能够长距离传播的香甜气味物质乙酸乙酯等，如果一株蕙兰开花，整个山头都弥漫着它的香气。如此之色香俱全，自然会有经不住诱惑的蜜蜂送上门来。

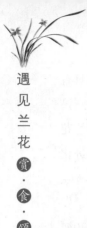

蕙兰的"色香引诱"

2. 紫纹兜兰的"食物信号"

紫纹兜兰的"食物信号"

有些兰花还会利用昆虫爱子心切的弱点来蒙骗它们，这方面的高手莫过于紫纹兜兰。紫纹兜兰的传粉者是食蚜蝇，顾名思义就是吃蚜虫的蝇。食蚜蝇的成虫以花蜜、花粉为食，幼虫以蚜虫为食，由于食蚜蝇幼虫没有远距离移动的能力，雌性食蚜蝇一般会将卵产在蚜虫的附近，这样食蚜蝇幼虫一出世就有充足的食物。紫纹兜兰在模拟繁殖场所上做足了文章，它的花瓣基部长了很多黑栗色的小突起，这些小突起就是在模拟大量蚜虫。这样一来，急于产卵的雌性食蚜蝇就会被这些假蚜虫吸引来，落入紫纹兜兰精心设计的陷阱，在产卵的同时替兰花完成了传粉。雌性食蚜蝇产卵之后会迅速从紫纹兜兰花上撤离，它们可能会觉得给子女找到了一个安身立命之处，却不知孩子们将要面对一场厄运。从卵中孵化出来之后，幼虫会因为没有食物而不明不白地饿死，真是"机关算尽太聪明，反误了卿卿性命"。

3. 西藏杓兰"回家的诱惑"

产于我国西南地区的西藏杓兰长着紫红色的大花，唇瓣呈囊状，形似熊蜂的巢穴。等熊蜂稀里糊涂地钻进这温馨的"家"中，西藏杓兰就会趁机把花粉放在熊蜂身上，这样，熊蜂就不自觉地承担了为西藏杓兰传粉的重任。

西藏杓兰"回家的诱惑"

4. 角蜂眉兰的"性诱惑"

兰科眉兰属的兰花可以说是植物界的拟态高手，是典型的以"拟态"求繁衍的"模仿秀"世家。

角蜂眉兰的"性诱惑"

每当春回大地、百花争艳之际，在意大利西西里岛等地的草丛中，角蜂眉兰便不失时机地绽开朵朵小巧的花朵，静静地等待着传粉媒人的光顾。角蜂眉兰的花朵十分奇特，3枚椭圆形的萼片呈粉红色，向左右和上方展开，2枚侧花瓣呈耳状，较小，夹在萼片之间，圆滚滚、毛茸茸的唇瓣上则分布着黄、棕相间的花纹图案，看上去犹如一只伸展着双翅的大肚子雌性角蜂。此时，雄性角蜂刚好从蛹中羽化出来，而雌性角蜂还未能羽化。当雄角蜂在花丛中飞舞时，很快就发现了在风中摇曳的角蜂眉兰的花朵。这时，雄角蜂往往会误将一朵朵盛开的花朵认为是静候佳期的雌性角蜂，于是便飞去降落在花的唇瓣上，用腿紧紧抱住花的毛茸茸的唇瓣两侧，张开蜂翅，企图携带着"对象"飞上蓝天。结果"婚飞"不成，雄角蜂美梦落空，只好扫兴地飞走了，但是角蜂眉兰唇瓣上方伸出的合蕊柱里的花粉块，正好粘在了雄角蜂的头上，当这只求偶心切的雄角蜂又被另一朵角蜂眉兰欺骗而故技重演时，正好把花粉块送到了新"配偶"的柱头上。

其实，眉兰不仅仅通过对雌蜂或雌蝇等形体外表的模仿，来达到引诱雄性个体为其传粉的目的，一些新的研究结果表明，每一种眉兰还能释放出与特定传粉者分泌释放的性信息素相似的化学物质，使雄虫误认为是雌虫向它发出了求爱信号，因此能在一定范围内准确地判断"配偶"的位置，前往赴约。

兰科植物将繁殖器官花朵的形态、颜色和气味的骗术发展到了极致，这些形态各异，散发着不同香气的花朵对昆虫来说却是一个个美丽的陷阱。然而，再高明的骗术总会有被拆穿的时候，很多传粉者在几次上当之后就再也不去光顾这些骗人的兰花。所以这些欺骗性传粉兰花的结实率都比较低，一般仅为20%左右。

5. 蜜蜂眉兰的"自花受精策略"

蜜蜂眉兰的具毛的唇瓣与雌性蜜蜂几乎毫无二致，在唇瓣基部的每一边有一个小小发亮的突起，这个突起有金属般的光彩，看来很像一滴流质或一滴花蜜，可见蜜蜂眉兰最初也是依靠欺骗蜜蜂来为其传粉而进行异花受精的，异花受精可以增加遗传的多样性，增加生物适应环境的能力。但是如果传粉者的数量急剧减少的话，就可能导致无法正常传粉受精而没有种子。为了保证种子的充分供给，采取自花受精的策略显然是明智的。达尔文经过多年的观察发现，蜜蜂眉兰的穗状花序所产生的有籽蒴果明显和花的数量一样多，即开多少花就有多少蒴果，他也从未见到有什么昆虫去寻访过一朵蜜蜂眉兰的花，而且他观察到蜜蜂眉兰和大多数兰科植物明显的不同在于它有巧妙的构造以适应自花受精。

蜜蜂眉兰的"自花受精策略"

蜜蜂眉兰的花粉团柄非常细、长而柔软，不像所有其他眉兰属植物那样花粉团柄坚硬得足以直立起来。花粉团柄由于药室形状关系，必然在其上端向前弯曲，梨形花粉团埋藏在柱头上的药室中。药室在花盛开后不久就自然张开，花粉团粗地一端就从药室中脱落而出，而黏盘则仍然留在蕊喙囊中。花粉团的重量虽轻，然而，花粉团柄却是那么细，并很快变得那么柔软，以致经过数小时，花粉团便向下方沉落，直到它们自由地悬在空中，恰好对着柱头表面，并处在它的前面。花粉团落到这个位置，一阵微风吹动展开的花瓣，使柔软而有弹性的花粉团柄震动起来，几乎一下子就击中黏黏的柱头，并且牢牢地粘在柱头上面，完成传粉过程。

蜜蜂眉兰

达尔文为了验证自己的推断，做了一个试验。他把一棵蜜蜂眉兰的植株罩在网下，这样，风可以通过，但是昆虫不能进入，没有几天，花粉团就附着在柱头上了。但是，在一个没有风的房间里重复这个实验，发现蜜蜂眉兰的穗状花序上的花粉团仍然悬在空中，即悬在柱头前面，直到花谢为止。

　　大根槽舌兰在无风、干旱、昆虫稀少的环境中演化出了自力救济的手段，连接花粉团和黏盘的花粉团柄客串了一回"搬运工"的角色。在大根槽舌兰花开之后，它的花粉团柄会向内弯曲360度，并最终将顶端花粉囊中的花粉团精确地送入柱头腔中完成受精。在自然演化的竞赛里，大根槽舌兰成功的主宰了自己的命运。

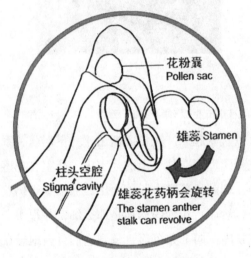

大根槽舌兰的自花授粉示意图

6. 纹瓣兰的"成功大道"

　　纹瓣兰的唇瓣上会有一些纵向的条纹向花内延伸，在蜜蜂看来，这些条纹就是将它们引向花蜜的路标，顺着路标寻花蜜准没错。当它们悻悻离开的时候，寻蜜通道的入口变得很宽松，花瓣微抬，把蜜蜂紧紧地夹在唇瓣和蕊柱之间，花粉块借助黏盘紧紧地贴到它们背上而携带出去。

纹瓣兰的"成功大道"

7. 缘毛鸟足兰的"孤雌生殖"

一般来说，精卵结合是产生种子的一个重要阶段，为了产生种子，绝大多数兰科植物都在想方设法将花粉送到柱头上，缘毛鸟足兰对此却不屑一顾。在不接受花粉的情况下，缘毛鸟足兰子房中的胚珠可以直接发育成种子。缘毛鸟足兰是兰科植物中迄今为止报道过的雄性不育类型与两性类型共存的唯一例子。雄性不育类型始终与两性类型出现在同一居群中，没有单独的雄性不育类型居群。通过交配系统实验发现，共存于同一居群中的短距雌性类型和两性类型都存在无融合生殖方式，种子的形成无须授粉。

缘毛鸟足兰的"孤雌生殖"

第一章 认识兰花

33

8. 吊桶兰的"甜蜜陷阱"

原产南美的吊桶兰属将诱惑昆虫的方式提升到了令人吃惊的水平。吊桶兰是盔兰属的统称，因为长相似水桶，又似婴儿摇篮，故而得名。它的唇瓣分为三个部分。唇瓣的底端是下唇，一个膨大的或颅骨形的口袋。从下唇上伸出一个细长的管子状结构，叫作中唇。上唇的样子就像装满水的水桶或翻过来的头盔。吊桶兰从两个分泌腺分泌出糖浆液，散发出浓浓的香油味，正是一种兰花蜂的雄蜂在求偶时所需要的香味。而桶状的唇瓣则是为传粉昆虫设下的"圈套"。吊桶兰先用香味引诱兰花蜂，当蜜蜂钻进花心时，就会自然滚落到"吊桶"中，而"吊桶"内又湿又黏，蜜蜂要想从中逃脱可谓是困难重重，只得从花的蕊柱基部出口挣扎出来，而狭小的出口，让兰花蜂的身上不得不沾上花粉，于是当蜜蜂为了追逐香味飞向另一株吊桶兰而重复栽进"桶"里时，就帮助吊桶兰完成了授粉的过程（相同品种兰花之间直接授粉）。就这样，聪明的吊桶兰通过独特的构造和香味的欺骗，让昆虫们为它做了一次次的"爱情大使"，才得以繁衍生息。

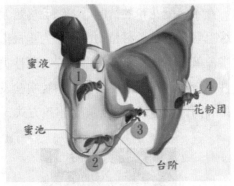

吊桶兰的"甜蜜陷阱"

兰花被认为是单子叶植物中最进化的类群，其形态的多样性和对环境的适应性让人惊叹。其花朵颇似美丽的迷宫，当昆虫进入后，花中种种装置会互相配合，或"有偿"，或"欺骗"，或"强迫"，或"诱导"，将自身含有雄性精子的花粉块紧紧贴附在昆虫身上，使其在访问下一朵花时，能准确击中雌性的接收器——柱头，从而完成异花受精。其构造之精巧，协作之奇妙，是生物进化极为生动的铁证。

9. 毛唇石豆兰的"风中摇摆"

生活在热带和亚热带地区的石豆兰属是兰科中最大也最具适应性的兰花之一。来自非洲的毛唇石豆兰是所有兰花植物中最怪异的一种，这种花的唇瓣上装饰着成簇敏感的丝状毛和一个精巧的铰链结构，它用拥有密被细长的毛的唇瓣吸引蝇类。这些毛会被最微弱的风吹动，使得整个花朵颤动不已，让雄虫以为雌虫正在充满热情地等待它的造访。

毛唇石豆兰的"风中摇摆"

三、进化的策略

2007年，在多米尼加发现的一块无刺蜂琥珀揭开了兰花进化的历史。这块琥珀中的无刺蜂身上带有兰花花粉，研究发现，兰科植物的传粉系统大约起源于8000万年前。早在白垩纪晚期，兰花便出现在地球上了。换句话说，兰花曾经与恐龙一起生存在地球上。在如此漫长的进化史中，兰科植物是通过打破生物界的生殖隔离的策略才成就了如今的多样性。在很久以前，园艺学家就发现不同兰花之间竟然是可以杂交的，同一个属内不同种类的兰花可以杂交，甚至不同属之间的兰花也不存在生殖隔离现象。这在生物世界里并不多见。由于各方面的原因，亲缘关系接近的不同物种类群之间在自然条件下不能交配，即使交配成功也不能产生后代或不能产生可育的后代的隔离机制，被称为生殖隔离。但是兰科植物几乎没有这种障碍，不同属间的兰花照样能够成功授粉，并得到可育的后代。兰科植物在漫长的进化过程中，通过与传粉的昆虫之间相互选择，相互适应，形成协同进化的现象。

正是由于兰花在其一生的两个关键阶段，种子萌发和幼苗生长阶段以及开花繁殖阶段，巧妙地运用自己的"智慧"，利用其他生物为其提供服务，使得兰花这个家族"人丁兴旺"，呈现出一片繁荣昌盛的景象。兰花家族就其种类数目来讲，以约有800属，近2.5万种，而仅次于菊科（1000属，2.5~3万种），占据有花植物的第二大科的位置。我国有兰花175属，约1300种。兰花除家族庞大，成员众多外，其分布也十分广泛。地球陆地除南北两极和极端干旱沙漠地区以外的各个角落均有兰花的踪影。它既能附生在热带雨林中高耸云端大树的树梢上，又可遁入地下过着不为人注目的隐居生活；既可生长在近海平面的岛屿和陆地中，也可生长在海拔5000多米的高山上。

任何事情总是有利也有弊，兰花凭借其他生物的帮助而蓬勃发展，但也正是由于对其他生物的依赖性而使它的生命变得十分脆弱，如果为兰花提供帮助的其他生物发生变化，兰花的正常生活就会被打断，生命的延续就会受到影响。兰花对环境变化特别是对生物环境的变化十分敏感，也特别容易受到人为活动的影响。因此，兰花特别需要人们的关爱，也特别值得人们去关爱和保护。从生物进化的角度来看，绝大多数兰科植物种类正处在进化和特化的活跃期。因此兰科植物的保护在某种程度上意味着对地球上生物多样性未来的保护。

第四节　兰花的奇闻趣事

英国科学家罗伯特·布朗被兰花惊人的繁殖策略吸引，于是他利用显微镜大量观察兰花的花粉，他发现了从花粉粒中进出的微粒子在水溶液中表现出无规则的运动，后人把这种微粒的随机运动称为布朗运动。一百年以后，爱因斯坦用布朗运动证明了原子的存在，原子是最小的物质单位，而细胞是最小的生命单位。兰花带给布朗的幸运还不止于此，因为兰花的细胞比其他的植物细胞都要大，所以布朗是幸运的，他选择了在显微镜下观察兰花的花瓣细胞时，惊人的发现在花朵外层的每个细胞中都有一个不透光的区域，他将其命名为细胞核，这是人类首次发现细胞的显微结构细胞核，并开创了生物学一个新的研究领域。在令人称奇的兰花世界里，还有很多有趣的种类令人赞叹。

一、意大利红门兰（Orchis Italica）

这是一种令人脸红的花，整朵花的造型就像一个戴着草帽的裸体男人。因外观呈人形，英语里又称"Italian Man Orchid"，即"意大利男人兰"，或者"Pyra-mid Monkey Orchid"，即"金字塔猴子兰"。此外，它还有一个源自古希腊文的名字为"睾丸兰"。

意大利红门兰

植物学之父——泰奥弗拉斯托斯是亚里士多德的学生，雅典学园的植物园负责人，他在《植物探究》中客观地描述了植物的习性和生境，并为它们设立了正式的名称，实际上这是标准植物命名法的先驱，但是这些植物的名字却以最熟悉植物的人（草药采集者、牧人）使用的俗称作为基础，"Orkis"就是这样一个名字，它的意思是"睾丸"。因为欧洲大多数兰花（眉兰属、红门兰属）是地生兰，其块茎或多或少呈球形，成对出现，其中一个较大，挂起来的位置比另一个稍低。由于块茎形似睾丸，Orkis不出所料的成为一种春药和增强生殖力的药物。在以色列传统文化中，兰花甚至用来治疗阳痿，而土耳其人则是把兰花的根茎看作壮阳催情之物。在中国人首次赞扬了兰花的香气和优雅数百年之后，希腊人用一个更实用主义的词高度概括了它们的价值，把它们当成了植物"伟哥"。Orkis这个词一直陪伴着我们，由它派生出了Orchis、Orchid（兰花）和Orchidacea（兰科）等词汇，对于这些最纯净的植物来说的确是个非常粗俗的词源。

《植物探究》

二、鸽子兰（Peristeria Elata）

分布于委内瑞拉、秘鲁、巴西的鸽子兰是一种壮观的附生兰，有肥厚的蜡质花，花白色，花形碗状，合蕊柱与唇瓣的水平裂片合起来恰似一只正在飞翔的白鸽。1980年巴拿马将其列为国花。

鸽子兰

三、章鱼兰（Prosthechea Cochleata）

章鱼兰花翼瓣和萼片呈线形，黄绿色，稍扭曲自然下垂，因形如海贼王中海王类的小章鱼而得名，唇瓣紫黑色带黄色条纹，位于花的上部，反转形成扇贝状罩住合蕊柱，宛若美丽的扇贝壳，因此也称为扇贝兰。花朵次第开放，一旦开始开花就停不下来，花期长达4～5个月，是一种观赏价值极高的附生兰。原产美洲，是伯利兹的国花。

草虫兰

四、天鹅兰（Cycnoches Chlorochilon）

天鹅兰

天鹅兰属原产热带中南美洲，长而弯曲的合蕊柱形似天鹅的颈部，开花时一朵朵淡黄绿色大如手掌的花朵，犹如一只只展翅欲飞的天鹅，成群结队地展示着美姿。天鹅兰一年开花三次以上，花朵有香味，成熟时风吹或手触均易使花粉弹出；单性花或两性花，是兰花中难得一见的雌雄异株。

五、魔鬼文心兰（Psychopsis Papilio）

魔鬼文心兰又叫蝴蝶文心兰，顾名思义，是靠模仿蝴蝶起家的。花形酷似一只鲜艳的蝴蝶，细长的花瓣就像蝴蝶长长的触须，唇瓣宽大，侧萼片就像黄褐斑纹的翅膀。

魔鬼文心兰

六、白旗兜兰（Paphiopedilum Spicerianum）

地生或石上附生兜兰。国内发现的野生白旗兜兰数量仅40余株。白旗兜兰花型奇特美丽，中萼片为白色，具栗色中脉和浅绿色基部，向前俯倾，中间的蕊柱上退化的雄蕊白色，中央有紫色斑块，倒卵形，先端钝，基部边缘上卷，颇像青蛙凸出的一对眼睛，而绿色唇瓣膨大呈口袋形状，活像青蛙的大肚子，因此，白旗兜兰在园艺界也被称作"小青蛙"。

白旗兜兰

第二章　鉴赏兰花

俗话说得好："常在花间走，活到九十九。"可见，花能解忧，怡心养性。古人云："用笔不灵看燕舞，行文无序赏花开。"清代著名文学家袁枚也有诗云："幽兰花里熏三日，只觉身轻欲上升。"这些诗句都说明了赏花与养生有着密切的关系。

人们喜欢兰花，并不仅仅是因为兰花具有的那些自然的生物属性，还因为兰花的绰约多姿，使人产生了美感。这种美感意识越来越强烈，越来越深刻，就发展成对兰花的审美鉴赏。

兰花的种类虽然很多，但人们日常栽培、观赏和利用的兰花种类，仅占原生种类的十分之一。习惯上，人们将兰属中原产于我国的一些地生兰称为国兰。常见的如春兰、蕙兰、建兰、墨兰、寒兰、春剑、莲瓣兰七大类，主要欣赏其素淡的花色、清幽的花香、婀娜的叶姿及变幻莫测的叶艺。

第一节　国兰鉴赏

兰花的分布地域很广，80%~90%的种类生长在北纬30°至南纬30°，以赤道为中心的多雨热带、亚热带地区。我国地理分布跨越热带、亚热带和温带，国兰分布于亚热带。

我国欣赏与栽培兰花的历史悠久，自春秋战国至今。综观中国兰花的概况，国兰产地大抵可从地域上分为四个大区。一是江浙产兰区，其特点是所产春兰、蕙兰名种多，兰花栽培历史悠久，兰花文化积累丰厚。兰花海内外贸易一直呈平稳上升的态势，养兰群众基础好。二是闽台两广产兰区，其特点是所产墨兰、建兰名种多，兰花栽培历史也较悠久，有一定的兰花文化积累。兰花贸易方面，传统兰外贸批量大，珍稀名兰在20世纪90年代单株价格起伏大，养兰群众基础也较好。三是云贵川渝产兰区，其特点是所产莲瓣兰、春剑、春兰、豆瓣兰、建兰名种多，兰花栽培历史除云南大理较悠久外，其他各地栽培历史不及江浙闽台悠久，兰花文化有一定的积累。兰花贸易近一二十年来除普通莲瓣、春剑以平价大批量出口外，其普通珍品名品的单株价格近年大幅下降，但其新下山的珍稀品种单株价格仍居高不下，兰市较旺，养兰群众基础也好。四是其他产兰区（如皖、赣、湘、鄂、陕、琼诸省），其特点是所产名兰较少（但也时有珍稀品种发现），兰花栽培历史较短，兰花文化积累不多，当地少有兰花大户，养兰较缺乏群众基础。

一、赏兰历史

1. 孔子赏兰，以香喻善

2400年前，伟大的思想家、教育家孔子，游说诸国没被重用，在回家时路过隐谷嗅到兰花香，借香诉说心中的不平，感叹生不逢时。由此"王者香"成了中国兰花的代名词。孔子以兰喻人，依人格颂兰，他在《家语》中说："不以无人而不芳，不因清寒而萎琐，气若兰兮长不改，心若兰兮终不移。"可谓千古做人的名言和标准。

国兰的欣赏从香开始，一开始就讲究其感染力，它并不以色诱人，而是以香感化人，这正是国兰艺术的第一层艺术感染力。孔子赏兰花的香，影响十分深远，以至代代相传，人们以诗词探求国兰香的内涵，写下了"寸心虽不大，容得许多香"的名句。

2. 屈原赏兰，颂美扬善

伟大的爱国诗人屈原在《离骚》中写"纫秋兰以为佩""余既滋兰之九畹兮，又树蕙之百亩"。在《九歌·云中君》中吟道"浴兰汤兮沐芳"，这些诗句在数千年里指引千千万万爱兰者，依爱美向善之心去欣赏兰花。将兰花时时刻刻纫佩在心中，恰如心灵沐浴，心灵上带着芳香从兰汤中走出来，这就是所谓的"修身养性"吧。

3. 汉唐赏兰，吟秀颂雅

秦朝短短十余年没有留下赏兰的文字记载，汉朝至唐朝历时千余年，在汉赋、唐诗中出现了许多赏兰的诗篇。

汉武帝在《秋风辞》中写道："兰有秀兮菊有芳，怀佳人兮不能忘。"汉武帝赏兰点出了兰花的秀。汉朝张衡在《怨篇》中说："猗猗秋兰，植被中阿。有馥其芳，有黄其葩。"这是最早写兰花花色的诗篇。唐太宗李世民在《芳兰》中说："映庭含浅色，凝露泫浮光，日丽参差影，风传轻重香。"诗中对兰花的色、香、形进行了描述。虽然欣赏还只在表面，然而却是对兰花全面欣赏的开端，可以说唐太宗是全面欣赏国兰的开创者。时至今日，色、香、形仍是国兰欣赏的三要素。李白颂兰诗写得好："为草当作兰，为木当作松。兰秋香风远，松寒不改容。"以兰花和松树来比喻人的贞操品性，进一步将兰拟人化，而且深化到人格心灵。

4. 宋朝赏兰，审形定位

北宋历时167年，依当时留下的诗词为据，可知北宋时文人养兰、赏兰已较为普遍。人们在欣赏中开始对兰花的种类进行分类，宋朝大文学家苏轼在杨次公作的蕙花图上题诗："蕙本兰之族，依然臭味同。"他的兄弟苏辙在《答琳长老寄幽兰》一诗中写道："谷深不见兰生处，追逐微风偶得之，解脱清香本无染，更因一嗅知真如。"人们依香味来分别兰花。与苏轼齐名，世称"苏黄"的北宋诗人、书法家黄庭坚在《幽芳亭》中写道："一干一花而香有余者兰；一干五七花而香不足者蕙。"更依花的多少，香味的浓淡来区分兰与蕙，这一论述为后来国兰的分类和兰文化的发展奠定了坚实的基础。

黄庭坚谪居涪州时养了许多兰蕙，多素心上品。他曾说："余居保安僧舍，开牖于东西，西养蕙而东养兰。"观者问其故，余曰："性使然也。"在栽种方面他已掌握了以沙石莳养兰蕙，"莳以砂石则茂，沃以汤茗则芳"，并区别了兰、蕙的生态特性，予以分别栽培。

苏辙在《种兰》诗中曰："根便密石秋芳早，从倚修筠午荫凉。"可见宋人养兰已知兰根部要通气，要遮蔽午时的太阳。苏轼的《题杨次公春兰》："春兰如美人，不采羞自献。时闻风露香，蓬艾深不见。丹青写真色，欲补离骚传。对之如灵均，冠佩不敢燕。"从诗中可以知道当时人们非但赏兰，亦开始依兰蕙为题材作画，以绘画艺术来歌颂兰的美。

南宋历时152年。南宋偏安江南，不思收复中原，反而沉湎于声色之中，君臣如此总有人趋附。南宋建都临安（今杭州）靠近兰花资源区，养兰与赏兰当然更盛行了，当时文人雅士争相吟诗填词颂扬兰花，然诗多情，词浓艳。更有赵孟坚画兰不画根，寄托国土沦亡之痛。

南宋时还出现过一次古兰、今兰的争论，有人认为孔子、屈原所说的兰是"泽兰"，蕙是"藿香"。宋代哲学家、诗人朱熹酷爱兰花，他写过不少咏兰诗，其《秋兰》诗云："秋兰递初馥，芳意满冲襟。想子空斋里，凄凉楚客心。"又在《兰》诗中咏道："漫种秋兰四五茎，疏帘底事太关情。可能不作凉风计，护得幽香到晚清。"他在长期养兰中对兰花很有研究，曾作《咏蕙》诗曰："今花得古名，旖旎香更好。"作为不谙植物的文人，能得出这样结论，的确难能可贵。这一番争论长达数百年之久，就是今天仍不时提出这一争议。

就在古兰、今兰争议最热烈时，我国第一部兰花专著《金漳兰谱》由福建漳州府的赵时庚在1233年编著问世。该谱分三卷，上卷叙兰容质，分兰为上品、中品、下品及奇品共计四品，列叙紫花、白花、奇品共27种，多数是当地爱养的建兰，仅"弱脚"一种是一秆一花的春兰。中卷和下卷讲养兰的方法，如分种、栽培、安放、浇水、施肥、选泥、虫害等。最精的是中卷写兰花的物性，知性善养，寒暑得时，肥瘦区分，灌溉得宜。虽说今天建兰已被人们认为是最容易养的兰，就欣赏的品位而论，也仅是普及品了。可以说《金漳兰谱》是我国，也是世界上最早，在当时来说是最完整的一部养兰、赏兰的专著。又过了约14年，王贵学编著的《王氏兰谱》问世，对建兰的品评、栽种各法描述更为翔实。

5. 元、明两朝赏兰，试以人体美为标准

元朝历时90年，虽无兰谱流传下来，然而依当时的赏兰诗来看，元朝人赏兰又精深了一层。元朝画家王冕在《普明上人画兰图》一诗中吟道："吴兴二赵俱已矣，雪窗因以专其美。不须百亩树芳菲，霜毫扫动光风起，大花哆唇如笑人，小花敛媚如羞春。翠影飘飘舞轻浪，正色不染湘江尘。湘江雨冷暮烟寂，欲问三闾杳无迹。忾慷不忍谈离骚，目极飞云楚天碧。"又如岑安卿的《盆兰》诗："猗猗紫兰花，素秉岩穴趣。移栽碧盆中，似为香所误。吐舌终不言，畏此尘垢污，岂凡高节士，幽深共情素，俯首若有思，清风飒庭户。"元人赏兰诗写出了兰花的秀逸，清高，更值得注意的是在描述

中开始用"唇""舌"等字来形容兰花的形，借用人的动作如哆唇、笑、敛眉、吐舌、不言等来描写兰花的形态。这些拟人化的欣赏正是国兰瓣型欣赏的源头。

元末明初时，江浙地区仍崇尚建兰之素心，对盛产在当地的兰蕙品种还熟视无睹。明朝陶望龄在《养兰说》中说："会稽多兰，而闽产者贵。"一般人家只养建兰，以"大叶白"为主。直到明中期，由于江浙兰蕙"花幽草巧，堪能入画"而被兰界重视，并开始在江南地区盛行。江南地区是明清时期全国的经济、文化中心，兰花也与书画、古玩一样，得到文人与商人的空前重视。但由于缺乏统一鉴赏标准，无法判定兰蕙的品位高低。冯京第（簟溪子）在《兰史》上将建兰的品位与挑选人才的"九品十八级中正制"联系了起来，也将兰分为九品，即上上、上中、上下、中上、中中、中下、下上、下中、下下，为瓣型理论奠定了以人为本的理论依据。

明朝历时270余年，这一时期赏兰的诗文更多了，以梅、兰、竹、菊为四君子，形成了文人画，画兰的画家也不少，留下了许多写兰名画。1412年，由段宝姬题名的《南中幽芳录》中将38种云南兰花的花形作了"五瓣如梅""花形似蝶""如蟹爪"之类的形象比喻。这些形象地比喻为后人描述兰花的形态打下了基础。

6. 清朝赏兰，求至善臻美

清朝历时260余年。编著的兰花专著多达24部，影响极深的有屠用宁的《兰蕙镜》、朱克柔的《第一香笔记》、袁世俊的《兰言述略》、许霁楼的《兰蕙同心录》等。这一时期似乎有一偏向，国兰欣赏的重心转为江浙的春兰、蕙花（九华兰）。直到清初，鲍绮云在《艺兰杂记》中根据前人的经验提出了"瓣型"的概念后，赏兰才有了品评的标准。由于兰蕙欣赏的推崇者是文人，就自然地将孔子关于"君子"的标准作为品兰的标准。子曰："君子不重则不威。""重"者，庄重也，"威"者，威仪也；"庄重"就成为兰花唯一的品赏标准。"重"与"威"在兰花花朵中的直接体现就是花瓣厚实、花型端正。

从此，国兰的花朵各部位有了中文的专用词。这些专用词多数借用人体的名词。由于国兰的萼片比花瓣发达，因此把三个萼片称外三瓣，居中的一片称主瓣，左右两片称副瓣，两片副瓣伸展的形态称肩，主瓣向前伸展称盖帽，向上伸展称挺。内轮的三个花瓣中上方一对花瓣称捧瓣，捧瓣前端张开称开天窗，中间的唇瓣称舌，内轮三片花瓣合称为中宫。蕊柱称鼻。

清顺治年间（1644—1661）在江苏苏州发现了一棵与众不同的春兰，它不仅外三瓣如铜钱般圆，型如梅花瓣，且捧瓣起白头，颜色翠绿。于是，人们就将它命名为翠钱梅。它是中国兰花历史上有文字记录的第一枝瓣型花。从此兰花有了"梅瓣"的称呼。

梅瓣

清乾隆年间（1736—1795），兰界终于迎来了标准的梅瓣花——宋锦旋梅。此花端正的花容、厚实的花瓣、圆整的中宫、翠玉般的花色，令人叫绝。此品由浙江绍兴宋锦旋选出，因此人们称它为"宋锦旋梅"，简称"宋梅"。宋梅的出现，使瓣型理论找到了一个标准梅瓣的范本。

宋梅

清嘉庆年间（1796—1820），浙江余姚高庙山发掘出了第一株标准的春兰水仙瓣花"龙字"，人们将它与宋梅并称为"国兰双壁"。

龙字

此后，又陆续发现了数以百计的梅、荷、水仙、素心、团瓣、超瓣等江浙兰蕙新品种，瓣型理论也在艺兰的历史长河中慢慢完善。最早又较全面地论评国兰瓣型的著作，是清嘉庆元年（1796年）朱克柔编著的《第一香笔记》，1876年袁世俊编著的《兰言述略》在"花品"中列出了名种32款，并将瓣型花的优劣顺序排列为："梅瓣素第一，水仙素第二，荷花素第三，梅瓣第四，水仙第五，荷花第六，团瓣素第七，超瓣素第八，柳叶素第九。"到清中后期，瓣型理论已基本完善。根据这一理论，艺兰界对兰蕙的花朵各器官的形状、颜色和花型的整体结构方面进行全面的研究，逐渐淘汰了"团瓣"与"超瓣"之说，将正格花瓣型统一为荷、梅、水仙和素心四类。

兰花的瓣型理论经过两三百年的探索后已非常完善。从中华民国至今的百余年时间里，瓣型理论始终是国内外艺兰家鉴赏国兰的理论依据。特别在长江三角洲地区，瓣型理论早就深入人心。

瓣型理论遵循的是国兰文化的两个最基本的原则，即中国传统文化的审美原则和物以稀为贵的商业原则，它的核心是"端正厚重"和"稀有"。瓣型理论包含了艺兰理念和艺兰技艺，是国兰文化的核心。直到今天，无论是中国，还是受国兰文化影响的日本、韩国以及东南亚各国的艺兰界无不按此理论鉴赏兰花。

二、整体鉴赏

兰花是一种高度人格化的花卉，整体鉴赏从香、色、韵三点综合考虑，要求"花瓣中宫端庄、含蓄内敛、拱抱有度，花守久开不变"等，这些鉴赏要点与对君子品德的评价标准——含蓄严谨、端庄有节、坚持操守相一致。

1. 香

宋代黄庭坚在《幽芳亭》中有"士之才盖一国，则曰国士；女之色盖一国，则曰国色，兰之香盖一国，则曰国香"的咏叹。国兰的香为幽香，似有若无。"坐久不知香在室，推窗时有蝶飞来"，这句诗将国兰的花香写得尤为传神，与梅花花香的"疏影横斜水清浅，暗香浮动月黄昏"一样超凡脱俗、清香远逸。

香味是传统国兰鉴赏的第一标准，无香或少香的国兰则少有人喜爱。国兰的香味由于产地不同，差异较大：以江浙地区产的春兰、蕙兰香味最佳；福建、广东地区产的墨兰香味较浓郁；湖北、河南地区的春兰无清香或仅有淡青草香。清远幽雅的香味方显国兰的高贵典雅、含蓄内敛。兰花香气以清、幽为贵，浓、烈、浊则影响其品位。

2. 色

国兰的颜色一般较为素雅，有别于其他花卉，以绿色为主，红色及黄色花在国兰中极为罕见。色是兰花鉴赏的一个重要标准，传统含蓄、内敛的赏花观有"兰以素为贵""素无下品"之说，唇瓣色泽一致，无杂色的均称为素心，若整朵花的花色一致则称为素花。古人对素心兰推崇备至，常以素心比喻自己高洁的情怀以及出淤泥而不染的品性。需要说明的是，并非唇瓣为白色的国兰才叫素心，素心根据唇瓣颜色可分为红苔素（唇瓣全为红色）、绿苔素、黄苔素等，除全素外，舌面素净无杂色，舌根两侧有红晕的称为桃腮素等。

根据江浙一带的传统审美标准，花色以嫩绿为第一，老绿为第二，黄绿色次之，赤绿色为劣。凡属赤花，总以色糯者为上品，色泽昏暗而泛紫色者为下品。

近年来，随着人们审美习惯的变化与发展，很多色花类的兰花逐渐受到人们的追捧。原产于四川、贵州、云南等高海拔地区的兰花，由于紫外线强烈及当地土质富含矿质元素的原因，出色花概率较高，明显有别于传统的江浙春兰、蕙兰以绿色为基础的色调。

素心兰

3. 韵

赏兰要"三品"，即鼻品气、眼品姿、心品韵。韵者，含蓄而不显露之意味也。韵即神韵，所谓神韵，就是风神、气韵，是表现人和物的精神气质、风度韵味，使人感到"言有尽而意无穷"。兰韵是国兰鉴赏中最为特殊而重要的品鉴内容，也是决定一个兰花品位高低的关键所在。韵是在形的基础上衍生而来的整体美感，但又不受形的束缚，属于精神层次的审美。

整体来说，国兰韵的标准是：主瓣端正、不歪斜，副瓣平肩或飞肩，外三瓣要短圆、紧边、拱抱，比例协调；捧瓣短圆起兜，紧抱鼻头，不开张，中宫严谨有度；唇瓣短圆阔大，舌上红点对比鲜艳，不散乱，舒启适度，姿态端正，不反卷，富有张力；花茎细圆挺拔，花朵高出叶面，亭亭玉立；花色亮丽娇艳，花瓣质地厚糯；花守好，花开久不变形。

其实国兰神韵的鉴赏是由古人对君子的品评标准衍化而来，兰花神韵的鉴赏标准与君子端庄有节、含蓄内敛、谨言慎行、坚持操守的品德相契合。品赏兰韵与品赏诗词、绘画、书法等文化艺术品一样，需要一定的文化修养，而且不能只凭嗅觉、视觉，更需要靠心灵来领会，才能获得像"余音绕梁，三日而不绝"那样美妙的感受。

中国盆栽艺术有"无言的诗，立体的画"之称。兰花作为盆栽艺术的一种，也有它特别的意境和韵味，兰花的色、香、形仅仅是兰花的一种表现形式，而蕴含在兰花主体内部的精神气象，才是兰花的意境和神韵。

兰花盆栽

对兰花整体的鉴赏可以概括为12字口诀：莛高、秆细、花秀、色俏、香幽、韵清。莛高：即花秆要高出叶面，花秆高，既保证花朵开放时不受叶片的影响，花开自如，又使整朵兰花显得亭亭玉立，高雅脱俗。秆细：即花梗要又细又圆，俗称灯心草秆。高莛细秆大花，落落大方，犹如潇洒公子、大家闺秀。花秀：花朵要舒展秀丽，花朵开向必须平视微向上，既不仰天，也不俯地，昂首挺胸，气宇轩昂。花朵平视微向上，显示不亢不卑之势。若俯开，则有点"低三下四"；若仰开，则显得太盛气凌人。色俏：花朵颜色要纯净、剔透俏丽。香幽：香气温雅和顺，时有时无，浓淡恰到好处。若说瓣型是兰花的容貌，花色是兰花的肌肤，幽香则是兰花的灵魂。韵清：整株兰花的花、叶完整，颜色青翠，充满生机，给人以清秀淡泊、高尚超脱之感，犹如出浴美女，又如正人君子。从清新的花叶里品味到美的韵味，在幽雅的香味中体会到高尚的品位。

三、花瓣鉴赏

国兰瓣型理论的鉴赏语言中，常常出现"形"与"型"二字，出现频率最高的是"瓣形"与"瓣型"。瓣形即花瓣的形状，如描述外三瓣的有：收根结圆、长脚圆头、收根放角等。有些花瓣的细微区别很难用文字来描述，古人就用比喻的手法来描述，如描述捧瓣的有：蚌壳捧、剪刀捧、蟹钳捧、猫耳捧、蒲扇捧、磬口捧等，描述舌瓣的有：刘海舌、如意舌、龙吞舌、大柿子舌等。

"型"是指类型，国兰中的瓣型理论规定的兰花型状分类有梅瓣、水仙瓣、荷瓣、奇瓣等。另外，所谓梅形水仙、荷形水仙是指外三瓣是梅形的水仙瓣、荷形的水仙瓣，都属于水仙瓣，因而不能写成梅型水仙和荷型水仙，否则会形、型不分。

（一）花瓣的形状鉴赏

1. 外三瓣

（1）肩。国兰外三瓣中的两枚副萼片，即左右横向排列的副瓣称为"肩"。"肩"的状态是体现花是否有"精气神"的一个重要标准。副瓣微斜向上，称为"飞肩"，之于人气宇轩昂，属贵品；副瓣呈水平状，在同一条直线上的，称为"一字肩"，之于人堂堂正正，属上品；副瓣微微下垂，称为"落肩"，之于人轻佻浅薄，属次品；副瓣大幅度下垂，称为"大落肩"，之于人丧眉搭眼，属劣品。

（2）盖帽。国兰花的主瓣向前弯曲，如帽子盖在捧瓣的上方，类似君子弯腰揖礼之态，此形象征含蓄内敛、虚心谦卑的君子之风，为上品。

春兰"天一荷"的盖帽

（3）收根放角。收根放角专指国兰外三瓣瓣幅阔狭变化的状态，它涉及花品的美观和花形的姿态。收根放角其实包含了三个概念：收根、放瓣、现角。收根是指花瓣收细，放瓣是指瓣幅放宽，现角是指外三瓣出现大角，而不是圆弧线。在荷瓣和荷形水仙瓣的国兰中收根放角现象最显著，也是判定是否为荷瓣或荷形花的重要标准。

第二章　鉴赏兰花

收根放角

（4）紧边圆头。紧边圆头指国兰的外三瓣向内收缩，瓣顶部呈圆弧形向内拱抱，内扣呈勺形，有增厚感，富有张力。这种寓意含蓄内敛，多为梅瓣花之形态。例如，春兰"贺神梅""万字"等。

（5）飘。飘指国兰的外三瓣不平整，向后翻卷，虽不端庄严谨，但别有一番飘逸灵动之美，如春兰"高云梅""文韵梅""翠桃""巧百合"等。

对外三瓣的鉴赏可以概括为12字口诀：主正、根收、肉厚、质糯、拱抱、肩平。主正：主瓣要"上挺盖帽"，挺立正直，以示身正。根收：收根使花瓣显得空灵，瓣形富于变化。荷瓣的花瓣特别讲究收根放角。肉厚：即花瓣肉质要厚，花瓣外缘完整、内扣起白边，保证花瓣内含而不外翻。只有肉厚才能保证瓣形端正，久开不翻瓣。质糯：即花瓣质地致密、细腻、透亮，如玉石一样，温柔、大方。拱抱：外三瓣端部要向花心内折呈拱抱状，不能翻翘不平，更不能向外翻转。肩平：指两副瓣必须左右对称且呈一字状。忌两瓣向下坠落，显得神气不足、无精打采。

2. 内三瓣

（1）中宫。由国兰内三瓣中的两枚捧瓣和一枚唇瓣以及中间的蕊柱组成的整体，称为中宫。属上品的中宫两捧瓣起兜合抱，如行抱拳礼；蕊柱不外露，象征含蓄内敛之美。整个中宫越圆整，其花品越高。

（2）捧。国兰内三瓣中，上面两瓣相互靠拢的短瓣称为捧。捧瓣的鉴赏整体来说以光洁、软糯为佳。捧瓣是组成"中宫"的重要部分，其张开或闭合的程度，以及保持此形态的时间长短是决定花守的关键因素。捧瓣以久开不变形、不开拆、不露鼻头为佳。两个捧瓣向外张开，蕊柱暴露在外的叫"开天窗"，寓意人衣冠不整，毫无礼节，非常不雅，缺少含蓄美，为劣品。

春兰"美芬荷"的中宫圆整

（3）舌。舌即兰花的唇瓣，位于蕊柱下方。唇瓣上常有鲜艳的色泽和附属物，俗称"苔"，借以引诱昆虫为其授粉。苔以匀细、色糯为上品，粗而色暗者为劣。缀在舌上的红点，俗称"朱点"，朱点鲜艳、清楚、明亮、分布匀称、对比度较高的，方能算为上品。

（4）兜。兜专指国兰捧瓣尖端部瓣肉组织增厚的形态。按它的厚薄、大小又可分为软兜和硬兜；按深度可分为深兜和浅兜。

（5）鼻。鼻即蕊柱，是兰花的生殖器官。鼻要小而平整，捧瓣能将其遮盖而不外露为佳。如果鼻粗大，捧瓣势必撑开，花不严谨内敛，缺乏含蓄美感。

对内三瓣的鉴赏也可以概括为12字口诀：宫圆、舌舒、点聚、鼻隐、兜软、捧紧。宫圆：即中宫要圆整，捧、舌、鼻结构严谨，大小比例、着生位置恰当，内轮完美。舌舒：舌形必须圆整舒展，位置必须正中。点聚：舌瓣之红点、红块必须集中，忌散乱。鼻隐：即兰花的蕊柱藏而不露，要细小。鼻隐才能保证宫圆。兜软：兜软硬适中，"白头"要恰到好处。捧紧：左右两捧必须抱紧，忌拆捧，俗称"开天窗"。只有捧紧，才能"藏鼻"，才能保证"宫圆"。

（二）花瓣的瓣型鉴赏

1. 梅瓣

古兰谱中记载的梅瓣标准是"外三瓣结圆，捧瓣起兜有白头，舌瓣短圆舒展而不卷，形似早春寒梅"，概括起来为：外三瓣短圆，形似梅花花瓣，紧边、收根、质厚。两捧瓣起兜，瓣端起白头。舌瓣小且舒展、坚挺而不后卷。宋梅为梅瓣中的代表品种。

宋梅

2. 水仙瓣

外三瓣长脚，收根，瓣端稍尖，紧边。两捧瓣有深兜或浅兜。舌瓣大而下垂或后卷。龙字、汪字为水仙瓣之代表品种。

汪字

3. 荷瓣

古谚云："千梅万世选，一荷无处求。"可以说从古至今真正符合荷瓣要求的国兰品种并不多，流传至今的传统荷瓣名品也只有"大富贵""环球荷鼎""翠盖荷""绿云"等少数几个品种，其他一些称为"荷"的品种，严格意义上来说只能算是荷形。在蕙兰中，荷瓣尤其少见，目前为止，还没有发现真正意义上的蕙兰荷瓣花品种。符合荷瓣标准的必须具备以下几点：

捧心宽阔短圆，两端稍狭，中间较阔，向内微凹，但不起兜，捧端无"白头"，形似蚌壳。唇瓣必须圆正丰满，形大舒展，稍向下或后微卷，长宽度正好铺满两片捧瓣合抱时留下的空间。外三瓣短圆厚实，有明显的收根放角，萼端缘及中段两侧向内紧缩，呈内扣状，有张力，酷似荷花的花瓣。外三瓣的长宽比例必须在2：1之内，越接近，品级越高，也就是明末清初时浙江唐成卿先生说的"八分长兮四分阔"。荷瓣国兰外形宽大厚重，中宫饱满圆润，近乎一圆形，象征人心胸宽阔，常被视为富贵的象征。

郑同荷（大富贵）

环球荷鼎

4. 奇花类

凡是国兰的花瓣或萼片数目、形态不同于常规（花萼3枚；花瓣3枚，其中唇瓣1枚，捧瓣2枚）的均可称为奇花。分为少瓣奇花和多瓣奇花。凡萼片（主要指侧萼片）或花瓣发生唇瓣化者为蝶花。

金龙荷蝶

四、兰叶鉴赏

（一）叶型鉴赏

兰叶也有形与型之别。国兰兰叶的形状都呈带形，上下几乎等宽，只有叶尖和叶根收拢。长短在数厘米到百余厘米之间不等。春兰最窄，蕙兰、秋兰、寒兰其次，墨兰最宽，可达3厘米左右。春兰、蕙兰、寒兰叶缘有锯齿，秋兰、墨兰叶缘无锯齿。这就是国兰的叶形。

叶型则有立叶型、半立叶型、垂叶型、半垂叶型、调羹叶型、行龙叶型等等。

1. 立叶

叶脉硬朗，叶质较厚，叶直立、挺拔有气势，犹如宝剑出鞘。代表品种如春兰"汪字"、蕙兰"金岙素"、建兰"大青"、墨兰"企黑"等。

2. 半立叶

叶从植株假鳞茎基部出土后向斜上方向生长，呈四面斜立状。例如，春兰"龙字"、建兰"锦旗"都是斜立叶的代表品种。

3. 半垂叶

半垂叶是指国兰叶片在三分之二处斜向下弯垂。大多数国兰为半垂叶，如春兰"宋梅""廿七梅""西子"等。

4. 调羹叶

叶短阔、头圆、质厚、脚收根，如调羹内扣，一般常见于一些荷瓣花的

56

品种，如春兰"环球荷鼎""美芬荷"。

5. 垂叶

叶片从基部斜生至中段，自中段起渐向下转折，叶呈镰刀形或弓形，如春兰"大富贵""奇珍新梅"等。

6. 行龙叶

叶面凹凸不平，叶子扭曲，叶质增厚，大多出现在墨兰矮种之中，如墨兰"文山佳龙""达摩"等。

（二）叶艺鉴赏

由于基因突变或其他因素导致的国兰叶片上出现白色或黄色的条纹、斑点等变异现象，通称为叶艺。俗话说："花开一时，叶看一年。"叶艺国兰的鉴赏更侧重于叶片色彩的变化，如果在叶艺基础之上还具有色花或瓣型花等花艺，则又被称为"叶花双艺"，其欣赏价值及经济价值也将大幅增加。20世纪80年代以来，受我国台湾以及日本、韩国兰界的影响，兰花的叶艺品种越来越受到重视，选育出不少花、叶均带艺的双艺品种，在我国的台湾、广东、福建地区一直受到热捧。

叶艺

由于叶艺品种的叶绿素总量减少，导致其光合作用减弱，因此一般叶艺类品种长势较弱、抗性差，要求湿度较大、光照强度低的栽培环境。在叶艺兰栽培时，还需要严格控制氮肥的施用量，防止叶艺品种返绿。叶艺品种千变万化，其艺向常不稳定，会出现进化或返绿现象，所以常出现一个品种有若干个叶艺类型的情况，如墨兰矮种"达摩"的叶艺品种就有"中透达摩""达摩冠""达摩爪"等数十种之多。在无菌播种繁殖时偶尔会出现变异类型的无菌苗。

作为具有悠久的栽培和欣赏花卉文化历史的国家，无论是古代的皇家园林还是后来的文人私园，在设计上对花卉植物的规划和利用，都具有属于东方地域文化和特色的内涵。其中，赏兰胜地主要有：三亚兰花世界主题公园、霸王岭国家级森林公园、邵武市世界地质公园天成奇峡景区、西部兰花生态园、泰山国际兰花节、兰溪兰花村、广西荔浦双江兰市等。其中，三亚兰花世界主题公园按国家5A级旅游景区标准建造，是以兰花文化、兰花丛林和趣味兰艺为主题，集自然古朴、生态教育、兰花观赏、兰花饰品、休闲娱乐、特色美食为一体的生态型旅游休闲游览主题公园。景区运用中国古典园林造园思想，借鉴东南亚景观造园的一些手法，结合造园材料的应用，通过上千种源自欧洲、非洲、南美洲以及东南亚一带的名贵热带兰花品种，进行艺术点缀组合，充分展现热带兰花的树生、岩生和地生等自然生长习性，令游人感受"芝兰生于深林""绿玉丛中紫玉条"的兰花生态古典意境。

第二节　国兰名品

一、春　兰

春兰主产于江浙地区，其他地区如赣、皖、湘、鄂、云、贵、川等地也产。春兰栽培历史悠久，传统名品、珍品极为丰富。春兰植株一般较小，假鳞茎球形，叶缘有细锯齿。花多单朵或两朵，不出架。花枝直立，绿白色或黄白色。花朵规整端庄，神气十足。花幽香，花期2~3个月。下面介绍一下江浙春兰老八种。

1. 宋梅：全称宋锦旋梅

宋梅于清代乾隆年间由浙江绍兴宋锦旋选出，已有近300年的历史，由于发现时正值国兰瓣型理论形成的初始阶段，兰界就以宋梅为范本，确定了梅瓣的定义。宋梅花品无可匹敌，在春兰中独占鳌头。20世纪30年代，宋梅与万字、龙字、集圆一起被称为春兰"四大天王"，并被推为"四大天王"之首。

宋梅

　　宋梅外三瓣特别紧圆，宛如梅花花瓣，紧边似镶白边。双捧起兜，形似刚出茧时的蚕蛾，故称蚕蛾捧。舌瓣短而圆微起兜，舌尖微垂，犹如童子之刘海，故称刘海舌。

2. 龙字：水仙瓣

　　龙字于清嘉庆年间在余姚高庙山发现，又名姚一色、余姚第一仙，是春兰中荷形水仙的代表。龙字外三瓣圆阔而尖，紧边、质厚、观音捧、大铺舌，舌上倒品字形三个鲜红点，浅绿色中略带黄色，有透明感。其长势强健，易栽植，易发芽，健花性。龙字是春兰"四大天王"中花色最为艳丽、花朵最大的品种，与宋梅并称为"国兰双璧"。

龙字

3. 集圆：梅瓣

　　集圆在清咸丰初年从浙江余姚选出，外三瓣着根结圆，故命名为集圆，

59

又名老十圆。集圆外三瓣呈稍长圆头，捧尖带微红，小刘海舌，花色微带黄绿色，肩平，瓣肉厚。此品种健壮，容易着花，繁殖快，故为春兰中流传最广泛的品种之一。

集圆

4. 万字：梅瓣

万字原名鸳湖第一梅，清同治年间在浙江嘉兴选出，以嘉兴古地名鸳湖命名。后此兰归杭州万家花园收藏，改称万字。万字外三瓣短圆阔大，五瓣分窠。瓣端有尖峰，是梅瓣型花中萼片最圆的品种之一。蚕蛾捧心，捧端泛出红晕，这是万字的特征。小如意舌，一字肩，瓣肉厚，质地纯正。传世量稀少。

万字

5. 汪字：水仙瓣

汪字在清康熙年间由浙江奉化汪克明选出，便以自己的姓氏命名为"汪字"，已传世300多年。汪字外三瓣呈长脚圆头，收根、紧边，二副瓣呈拱抱状，一字肩。圆舌，有淡红点，有时也会开白舌。花色淡黄绿，质糯。花守好，久开而形不变。

汪字

6. 小打梅：梅瓣

小打梅于清道光年间在苏州花窖中选出，据说因兰客相互争夺发生殴斗，后经劝阻而没有发生更大规模斗殴，故称小打梅，为春兰老八种之一。后人题诗赞曰："苏州花窖闹芳春，无主名花未传人。为夺娇娆竟小打，有此起名亦传神。"其外三瓣短圆紧边、瓣质糯，收根，肩平。蚕蛾捧，捧端呈淡黄色，刘海舌，舌上有浅红斑。花葶细长秆紫红，开久后易开天窗。

小打梅

7. 贺神梅：梅瓣

贺神梅在中华民国初由余姚江南阜生烟店黄成庆在余姚鹦歌山发现，又名鹦哥梅，为春兰老八种之一。贺神梅外三瓣收根圆头，瓣端部紧边形似汤勺，平肩或飞肩；刘海舌，淡红点；观音兜捧心，双捧内外均分布着红条纹。花品端正，花葶细长，花色俏丽。

贺神梅

8. 桂圆梅：梅瓣

桂圆梅在中华民国初年由绍兴朱祥保选出。又名"赛锦旋"。桂圆梅外三瓣特别圆正，收边，像桂圆的壳，故名桂圆梅。合背半硬捧兜，小刘海舌，舌上有鲜红圆点，一字肩。色翠，花品端正。

桂圆梅

与春兰近缘的豆瓣兰、莲瓣兰及春剑，其主产地多在西南各省区，植株、花朵各有特色。尤其是莲瓣兰、春剑近年新品、名品迭出，备受人们喜爱。

二、莲瓣兰

莲瓣兰主产云南、贵州和四川，因其花瓣上常有7~9条平行脉，似莲花花瓣而得名。当今兰科植物分类上将其归入春兰，但因其花常不止一朵，花多出架，花瓣上7~9条色脉明显等特点，故近年有植物学家主张将其从春兰中独立出来，作为一个单独的品系。滇兰四大名花为大雪素、小雪素、朱砂兰、通海剑兰，其中大雪素和小雪素为莲瓣兰。

云南大雪素

云南大雪素：莲瓣兰，因叶宽、花白如雪而得雪素一名，别名大素心、大素馨。当地新年开花，故又名元旦兰。大雪素一葶花开2～4朵。外三瓣呈荷型，副瓣平肩，中宫圆整，舌瓣全素。花朵端庄和谐，清雅高洁。花葶高出叶面，群花盛开时，如白鹤翔空栖息绿野，呈现一派祥和气氛。

三、春剑

春剑因叶片劲健挺尖如剑，又是在春天开花，故名春剑。春剑产自云、贵、川、渝等地海拔500~2500米间的山区林下，叶片较一般春兰和窄叶莲瓣兰宽，叶脉较粗，根粗壮。春剑花色甚多，蝶花、奇花也多，其花瓣一般比江浙春兰花瓣薄些，但花朵较大，且常每枝开花3~8朵，繁茂香郁。其叶基常无"离层"（指环），这一点与莲瓣兰相同而又别于一般春兰。现植物学家将其归入春兰类，而有的植物学家则认为其性状特征区别于一般春兰，主张另立为一类。春剑以四川、重庆产量最丰，为四川主要兰花品种。川兰五大名花为西蜀道光、隆昌素、银秆素、朱砂兰和雪兰。

西蜀道光

西蜀道光：春剑素心黄花中最为著名者，川兰五大名花之首。清道光年间，四川青城山天师洞附近有一位老铁匠，一次进山，顺便挖了一盆兰花种在墙脚下。灌县大兴一徐姓爱兰者路过，正好兰花开花，素心、娇媚又秀气，他很喜欢，就向铁匠要了此花带回老家莳养。后在邻里传开，大家就叫"徐家牙黄素"。从此，牙黄素就一直流传在灌县民间。1990年在编写四川灌县县志时，人们将它定名为"西蜀道光"，取其道家禅意，寓产地青城山，发现于道光年间。

四、蕙 兰

蕙兰以原产于浙江、江苏一带的为最佳，江浙蕙兰的栽培历史与春兰的栽培历史大致相同，至少已有上千年。蕙兰与一般春兰比较，其植株要高大些，叶片要粗糙些，叶脉常是明显隆起。花则为一秆多花，有时可开至八九朵乃至十余朵，故又有九花兰、九华兰、九节兰、九子兰之称。花一般出架。产于江浙一带的香气浓且纯；产于中南、西南乃至陕西、甘肃南部各省区的多数有香味，少数无香气；产于云南的，有些俗称火烧兰；产于四川的，有的俗称芭茅兰。蕙兰的花期一般比春兰晚，约于三四月间开花，故又有夏蕙或夏兰之称。蕙兰的假鳞茎在几类国兰花中是最小的，有时几乎看不清，所以头部储存的养分少，常要三五株连体栽培，一般不能分成一株株栽，否则因缺少养分而不易存活。江浙蕙兰老八种为大一品、程梅、关顶、元字、上海梅、荡字、染字、潘绿梅。

1. 大一品

大一品兰花外三瓣呈荷形，唇瓣为大如意舌，收根放角，花朵为明净的黄绿色，瓣质糯润，飞肩。软蚕蛾捧，光洁圆整，绿苔大刘海舌，上缀淡红点，花梗淡绿色。每莛着花8～12朵，花形大，两侧萼平伸，直径达6厘米，是绿蕙中荷形水仙的典型品种。

大一品

大一品在清乾隆末年由浙江嘉善胡少梅从"富阳篓"中选出。《兰蕙小史》称为"荷花水仙之冠"，被誉为蕙兰老八种之首。

2. 程梅

程梅兰花外三瓣短圆紧边，花捧先端起硬兜，为半硬蚕蛾捧，唇瓣为龙吞舌，前出微仰而不反卷，舌头色彩艳丽，绿苔舌上赫然印一块硕大的紫红色斑点，中宫搭配协调，比例适中，堪称完美。程梅的花梗较粗，俗称木梗。花秆高出叶架，可达50厘米以上，花柄呈紫红色，又称红簪绿花。程梅的花在蕙兰的梅瓣花中属于大型的，最大直径可达5～6cm，甚至和以花朵硕大著称的"大一品"有一比。这种大型花配以粗壮挺拔的花秆，若一盆中出现数箭花，则给人的感觉是程梅的花气势雄伟无比，蔚为壮观。

第二章 鉴赏兰花

程梅

程梅在清乾隆时期由江苏常熟程姓医师选育，为赤蕙梅瓣，为老八种赤蕙之首。

3. 关顶

关顶在乾隆年间由万和酒店选出，赤梗赤花，俗称"关老爷"，为蕙兰老八种之一。萼瓣短圆紧边，豆壳捧，大铺舌，平肩。可惜花色较暗。

关顶

4. 元字

元字兰花外三瓣头圆长脚，捧瓣根部有淡紫粉色红云，紧边，色绿泛粉红，质厚，半硬捧心，执圭舌，舌瓣上的红点成块状，色彩鲜艳，平肩。清道光年间由苏州浒关艺兰者选出。梅瓣为老八种赤蕙之一。

元字

5. 上海梅

上海梅兰花绿壳梅瓣。清嘉庆初年由上海李良宾选育。外三瓣呈长脚圆头，收根，半硬捧，穿腮小如意舌，舌短，前端两边有向上浅沟，有钩尖，舌片前端上翘，靠贴捧瓣。花色翠绿，花朵舒朗，神韵绝佳。舌有穿腮孔，是该品种最明显的特点。

上海梅

6. 荡字

荡字兰花外三瓣呈竹叶瓣，长脚收根。蚕蛾捧，如意舌，一字肩。花莛细挺，高出叶架，着花7～9朵。荡字的缺点是花小且色黄。清道光年间，某花客曾采得大丛落山蕙草，分成四块压在竹篓内，叶伤过半，放舟花船游卖。无锡荡口镇有人买得一丛，开花后命名为"荡字"。

荡字

7. 染字

染字兰花，赤壳绿花梅瓣。清朝道光时由浙江嘉善开染坊的阮氏选出，故名染字，亦名阮字。外三瓣收根紧边起兜，肩平，色翠绿。大观音兜捧心，捧尖呈对碰状，鼻梁微露，尖如意舌，舌常上翘或歪斜。

染字

8. 潘绿梅

潘绿梅兰，花绿壳类梅瓣。清乾隆年间由宜兴潘姓艺兰者选出。外三瓣如黄杨叶，长脚圆头，中有爪锋，分头合背硬捧心，尖如意舌。

潘绿梅

五、建 兰

建兰一般在每年初夏（5月）至秋末（11月）开花，俗称四季兰。其实不是一年四季都能开花，只是说其每年开花次数多而已，一年夏秋间可开2～3次花，一般每秆5～12朵花。建兰因主产福建，故名建兰。建兰栽培历史为中国兰花诸品类中较早者，至少在隋唐、五代时就已有栽培观赏。建兰在我国资源丰富，分布范围广，也较易栽培，名种甚多，且新品种层出不穷，均有甜香清香气，广受人们欢迎。

青山玉泉：建兰素心名花

桃琳：白粉斑、黄粉斑线艺叶，
建兰色花之红花

69

六、寒兰

寒兰在华东一带也称冬兰。寒兰的假鳞茎呈椭圆形，叶带状，基部明显收狭而尾部则修长渐尖，叶脉较明显。寒兰一般在每年的10月至翌年1月开花，故名寒兰。排蕾时寒兰看上去像一般的麦穗（因其萼瓣一般较长，故花蕾也尖长），建兰、墨兰看上去像谷穗。通常花开5~12朵，花色丰富，绝大多数有浓香、甜香，少数分布于海南和广西、云南南部的地区，少香气或不香。寒兰以其株型修长文雅、气宇轩昂，花朵秀逸浓香而受欢迎，在日本、韩国也有不少爱好者。寒兰的野生生长地区与建兰大抵相同，资源也丰富，栽培历史也与建兰差不多，因其较难栽培繁殖，故传统名品较少，对其历史文化的记载资料也少。

日向王：寒兰大瓣复色花，
大红斑舌

太白翁：蕊柱中间有两点
如眼睛状

七、墨兰

墨兰在中国兰花中为株型最大者，产区纬度较低，产于广东、广西、台湾、福建、云南南部、贵州南部、海南等地，生长海拔高度比春兰、蕙兰、寒兰都低，等于或低于建兰。墨兰生于阔叶次生林下，山坡灌木草丛中，竹林下。假鳞茎大，呈椭圆形或卵球形。叶片宽大，一般高30~100厘米。花高出架，为中国兰花中花枝最高者，花开多朵，浓香或甜香、淡香。少数生长于近越南边境和海南省的，少香气或无香气，叶也较薄，花瓣也较薄，而色彩却较明丽。一般来说，花期在春节前后者称报岁兰，花期在春末或秋天者称春榜、秋榜，合称榜墨。据史料记载，墨兰栽培观赏始于明代。清代中期至民国时期，闽粤台栽培观赏墨兰已甚普遍。

1. 桃姬

桃姬兰花为墨兰色花代表品种之一。1963年发现于我国台湾地区栗县山区。花茎为桃红色，花亦为桃红色，唇瓣白色有红斑，花色娇嫩可爱。

桃姬

2. 闽南大梅

闽南大梅兰花1996年发现于福建省南靖县，多次获奖，是墨兰梅瓣中最具代表性的品种之一。主瓣尖端稍向内卷，副瓣为一字肩，花瓣糯厚，蚕蛾捧，舌金黄色带有小红色斑点，花形姿态优美，开品端正，非常大气。

闽南大梅

3. 企黑

企黑兰花为广东顺德陈村家种的传统名品，在清代就已广泛栽培。叶片刚劲，半直立，顶端尖锐，挺拔有力。"企黑"是目前最为常见的墨兰栽培品种，价格低廉，抗性强，栽培容易，是墨兰大宗统货之一，远销海内外。

企黑

第三节　洋兰欣赏

洋兰，又称为热带兰，泛指分布于低纬度的热带、亚热带地区具有明显的气生根和附生习性的兰科植物。它们具有花朵硕大、花形奇特多姿、花色绚丽，花开一般无香味，花期长等特点。卡特兰被誉为"洋兰之王"，在欧美已经有两百多年的历史，是国际上最有名且认可度最高的兰花，与石斛兰、蝴蝶兰、万代兰并列为四大观赏洋兰。洋兰的欣赏注重色和形，外溢于表。以色取悦，以形取宠。

洋兰在展览时，往往与西方的插花艺术结合，将洋兰与其他植物组合起来，以提高观赏性。

第三章　品尝兰花

——兰花的食用和药用

千百年来人们不断发掘和认识到兰花的药用价值，不同种类有不同的功效，不同的部位亦有不同的药用价值，根、茎、叶、花、果实均可入药。

食花在我国有着悠久的历史。利用植物的花作为人类的食品，在中国的饮食文化中是一个普遍的现象。在朱克柔的《第一香笔记》中记载了兰花之用：兰花加工成膏，可以代作饮料；阴干的素蕙花可以催生；建兰叶煎汤，能止咳保健康。

第一节　兰花花茶

兰花多用于茶，花香可以熏茶。兰花的香气清冽、醇正，用来熏茶，品质最高。据载，"花可助茶，膏可代饮"。兰花茶色泽碧绿，银毫显露，汤色清明，滋味清醇，闻之兰香怡人，饮之回味甘甜，可与黄山毛峰、太平猴魁等名茶并驾齐驱。当兰花盛开时，将兰花采摘下来晾干，掺入茶叶中备用。取少许冲入开水，浸泡少时即可饮用。在福建省，乡人用建兰花朵蜜渍，制成兰花蜂蜜饮。兰花泡水后，恢复原来的形状，既美丽又有特别的香气，喝时风味独特。花朵同时也可以食用。兰花花香是来自兰花花朵中蕊柱内芳香油腺体分泌出来的挥发油。这些挥发油的主要化学成分是有机化合物的酯类或内酯类及萜类的烯醇、烯醛酮类化合物等的混合物。由于植物的生理作用，分泌这些挥发油可能有间隔性，所以人们会感到香气时有时无、若隐若现，或轻或重。

笔者2017年6月在安徽省霍山县一个铁皮石斛基地考察期间就曾用霍山米斛的花泡茶，茶汤淡黄色，花朵爽脆，清香宜人。

铁皮石斛花茶　　　　　　　　霍山米斛花茶

铁皮石斛被誉为"千年仙草""植物黄金"，历来因其罕见稀有、功效卓越而被奉为中医圣药。据《中国药典》记载，其新鲜或干燥茎可以替代金钗石斛同等入药。石斛自古用作强壮药，富含石斛碱、石斛胺、黏液质、石斛次碱等，滋阴养胃、清热生津、除虚热、安神志，主治口干烦渴、食少干呕、病后虚热、目暗不明。铁皮石斛的鲜花则更为珍贵，平均每100克铁皮石斛才能产出1克鲜花，古籍中对铁皮石斛花茶的记述也仅在皇室贵族史中才偶然可见。

铁皮石斛的花

铁皮石斛花一般呈黄绿色，5、6月份是开花期，但花期很短，采收期把握也较难，采收的及时与否直接关系到花的有效成分和实际功效。另外产量很低，大约100克铁皮石斛能采收1克铁皮石斛花，加之其具有别于铁皮石斛的特殊功效，因此极其珍贵，价格也较高。铁皮石斛花不仅具有铁皮石斛本身的功能，如滋阴、清补、明目、清热止渴、滋养五脏、延年养颜等等，而且还具有解郁的独特功效——其气清香，味轻清，善疏达，"轻扬宜畅，善走上焦"，温和养胃，能解郁。

石斛花不仅可以泡茶喝，也可以榨汁饮用。取适量铁皮石斛鲜花，稍微漂洗一下，放入榨汁机中加水（最好用温开水）榨汁，榨好后倒出直接饮用即可，亦可根据个人口味加入适量蜂蜜或冰糖（但建议尽量少放）。

不仅中国人喜欢食用兰花，在国外，也有不少地方流行食用兰花。有不少的地区和民族都有食用兰花的花及假球茎的习俗。一些洋兰的种类茎叶多汁，用来配制成茶饮别有风味。比如毛里求斯人将芳香安格兰（Angraecum Fragrans）的茎、叶晒干后泡茶饮用；秘鲁人在旱季用异色颚唇兰（Maxillaria Bicolor）多汁的假鳞茎泡茶饮用；东南亚一带将火焰兰（Renanthera Coccinea Lour）的叶晒干后可泡茶饮用。"Salep"（兰茎粉）一词源于土耳其，土耳其人通常用其指代热饮和用于制作饮料的兰花假鳞茎。它是用红门兰（Orchis Mascula）等相关种类的干燥块茎研磨而成，其包含一种如淀粉状的营养物质葡甘露聚糖，口味独特。在咖啡和茶出现之前，"Salep"作为一种风味饮料，其受欢迎程度超出了土耳其和中东地区，一直蔓延到英国和德国。古罗马人也用地生兰的假鳞茎制作饮料，是一种强有效的催情剂。印度市场上的兰茎粉被称为"Salib Misri"，主要是用美冠兰属（Eulophia）、红门兰属（Orchis）和鸟足兰属（Satyrium）的一些种类做成。在印度的留尼旺（Reunion）岛上，原住民用朱米兰属（Jumellea）的萃取物做成甜美芬芳的法哈姆（Faham）茶。

日本京都的东边，在通往东山的小径上，有家古老的小店，几十年来专门出售祖传秘方炮制的"兰花茶"。具体做法是把产在京都北山上的春兰（Cymbidium Goeringii）的花朵采来晒至半干，再用精细盐渍后装在小瓶中出售。用时取两朵放在杯里，冲上热开水即可饮用。热水泡后的春兰花恢复原形，既形态美丽又芳馨袭人，十分诱人，喝入口中风味非凡，花朵同时也可以食用。日本人用"杓兰"的根煮水饮用，以治疗神经性头痛。他们还把"羊耳兰"的嫩叶作为蔬菜煮食。

第二节　兰花香料

中国兰花素有"天下第一香"的美誉，一直以此自傲。兰花四季皆有花开，且香远益清，郑板桥有诗云："四时花草最无穷，时到芬芳过便空。唯有山中兰与竹，经春历夏又秋冬。"

兰花之所以人见人爱，首先是它宜人的香气。不论是蕙兰的清香，还是春兰的浓香，或是建兰的木樨香，还有墨兰（报岁兰）的檀香味等，它们都有一个共同的特点，那就是清而幽、淡而远。兰花那撩人而带神秘感的幽香，是世界上其他任何一种花卉的香气不能与之比拟的。

兰花神韵清雅、幽艳吐芳，它的幽香时有时无，时隐时现，时浓时淡，时远时近，飘荡在山谷中、庭院居室内，给人们清新和愉快的感受。"日丽参差影，风传轻重香"写出了唐太宗对兰香浓淡的感悟；"时闻风露香，蓬艾深不见"是苏东坡对兰香飘忽不定的写照；"谷深不见兰生处，追逐微风偶得之"苏辙把兰香的时有时无、飘忽不定写得何等清楚；"坐久不知香在室，推窗时有蝶飞来"余同麓生动描绘了兰香似有若无、忽远忽近，像"幽灵"一样难以捉摸，令人欲罢不能。

陈毅元帅的《幽兰》诗："幽兰在山谷，本自无人识。只为馨香重，求者遍山隅。"亦写出了兰香的引人探胜，使得本来寂静荒凉的山谷，从四面八方引来了觅兰的人。只要自己是馨香的，何愁无人赏识呢？这首《幽兰》诗，既是一首饱含哲理意味的诗，也是颂兰幽香的绝唱！可见兰花清幽的雅香，足以使人一见倾心。

兰香如此被世人看重，自然也就成了品评兰花优劣的重要条件之一。国兰的评判，依据清香优于异香和淡香，浓清香及浓香较清香好，香气持久者较短暂者佳，无香者劣的原则。若将常见的国兰花香的浓淡强弱做比较，应以春兰的幽香最为浓郁，素心秋兰列第二，次之为寒兰，接下来为夏蕙兰。

春兰中也有无香的品种，如豆瓣绿和台湾的金棱边兰都不具香气，所以它们是同类品种中的"下品"，其价格也便宜。

洋兰中也有不少具有香气的种类，如卡特兰的白拉索兰、万代兰中的琴唇万代兰、石斛兰中的白花石斛等都具有良好的芳香。

据报道，许多花香都可以人工合成，唯独兰香难以仿效。用兰花制成的香料，以梵尼拉香精最有名。它们是由西班牙人1519年征服墨西哥而被"发现"的。墨西哥的阿兹特克人（Aztec，印第安族的一支），早在哥伦布发现新大陆以前，就知道将香荚兰（Vanilla Planifolia）的果实经特别发酵后制成调味的香精，广泛用于各种食品、化妆品中。在阿兹特克人的著作《巴迪亚努斯草本志》中，香荚兰被推荐用来保护旅行者、为巧克力增添香味、消除恐惧、增强心智，以及减轻在政府部门工作的人经常经历的疲惫。虽然如今我们将它视为一种食物风味的来源，但香荚兰于16世纪初从中美洲传到欧洲后的长达三个世纪的时间里，无论是在原产地还是在欧洲，都是一种拥有各种神奇功效的良药，据说能够治疗忧郁、阳痿、风湿、癫痫和月经问题。

香荚兰栽培基地　　　　　　　　　香荚兰的花和果实

很难想象出一种比香荚兰更不像兰花的植物，它是攀缘性藤本、浅根植物，茎肥厚，每节生一片叶及一条气生根，用以攀缘于其他植物的枝柱上；叶大，肉质，叶片矛头状有光泽；花大，蜡质，呈喇叭形，花色为奶油白色至淡黄色，散发强烈的香味，总状花序生于叶腋；果实为肉质荚果状，常称之为豆荚。种子具厚的外种皮，常呈黑色，无翅。直到开始生产梵尼拉香精时，香荚兰的种子才有了商业价值。在我国海南和云南的西双版纳，香荚兰作为香料作物而大量栽培，是典型的热带雨林中的一种大型兰科香料植物。

第三章　品尝兰花

从开花到荚果成熟约需1年时间。果实成熟后需进行生香加工。

深圳香荚兰

深圳香荚兰，是深圳市国家兰科中心的科学家在深圳发现并以深圳命名的新种，深圳香荚兰不仅开出的花非常好看，同时它还可以作为香精制作的重要原材料。

此外，南美杓兰（Selenipedium Chica），巴拿马人用其果实做香料，有类似香荚兰的香味；马来白点兰（Thrixspermum Malayanum）在马来西亚，其果有梵尼拉的香味，可做香料；石斛兰（Dendrobium），日本皇家贵族种植石斛兰属植物来熏香衣服；虎斑奇唇兰（Stanhopea Tigrina），其花会散发出梵尼拉的芳香，晒干后可做香料；芳香安格兰（Angraecum Fragrans），其花芳香，有类似梵尼拉的香味，晒干后可做香料；箬叶兰（Sobralia Spp.），其果有类似梵尼拉的香味，巴拿马人用来做香料应用。

大多数兰花的香味来自蕊柱内芳香油腺体分泌出来的挥发油，这些挥发油的主要成分是有机化合物的脂类或内脂类及萜类的烯醇、烯醛酮类化合物的混合物。在兰香的这些主要化学成分中，有的能够杀菌消毒，有的能够提神醒脑，所以当它开花时，散发出的兰香有使空气清新、净化居室的功能。

第三节　兰花浸酒

到了汉朝，兰花入酒，已成了当时的杯中名品，枚乘在《七发》中写道："兰英之酒，酌以涤口。"说的就是用兰花花瓣浸渍的一种香酒。唐代李峤在《兰》诗中更称赞道："英浮汉家酒，雪俪楚王琴。"说明此酒是非常著名的。

第四节　兰花菜肴

兰花可作菜。川菜中的名菜有"兰花肚丝""兰花肉丝""兰花包子"。笔者有幸在安徽霍山石斛基地吃到了清炒霍山石斛鲜花和霍山石斛鲜花炒鸡蛋两道菜，那种清脆爽口的感觉至今记忆犹新。在南美洲，许多人把特氏卡特兰的花瓣作为凉菜色拉食用。印度北部喜马拉雅山麓一带的土著居民就把兰花的假球茎列为上等菜肴。最常食用而被认为美味的就是喜姆比兰（Cymbidium）咖喱菜。方法是把喜姆比兰的幼嫩假球茎切成小块状，然后与咖喱粉、水一起煮熟，起锅后加入适量食盐及佐料即可。加工方法简单而味道鲜美独特。另一种较常用又颇受欢迎的吃法是喜姆比兰调味液，加工方法是把喜姆比兰的新芽磨成稀粥状，再根据自己的喜好加入其他的调味香料，就成为风味独特的调味液，而且还具有开胃的作用。

兰花可做汤。取新鲜的兰花花朵，除去蕊柱后，用沸水焯一下即可捞起点汤，点出来的汤，花色新，汤味鲜美。或者在鲜鱼汤、鲜肉汤、鸡丝汤、鱼翅汤等起汤时把新鲜的兰花作配料投入。在巴布几内亚，有些土著居民用红色斑叶兰（Goodyera sp.）的叶片煮汤，作为清热解毒之用。

霍山石斛鲜花炒鸡蛋　　　　　　　　　清炒霍山石斛鲜花

兰花可做甜品。秘鲁喀塔巴斯（Cotabambas）村的阿布力玛人（Apurimac）用两种西鲁多珀兰（Cyrtopodium Spp.）的假球茎来调制起司（Cheese，就是干奶酪）。在土耳其，兰花的块茎可以做成清爽的布丁，今日仍然可以在土耳其境内买到。

兰花可做饼。云南的鲜花饼很有特色，也很出名，铁皮石斛鲜花饼也完美地借鉴了这种鲜花食用方法，但自己做的话，过程就简单一些，用平底锅煎就行。墨西哥的居民把当地产的一种叫作虎斑奇唇兰的花瓣作为糕饼馅料，风味不俗。原产于墨西哥的柏氏树兰，有不少印第安人用它的根煮水内服从治疗腹痛和痢疾。

兰花炖豆腐。铁皮石斛花配以豆腐炖制，可突出石斛花的浓香，该汤品具有降血脂、血压、润燥通便的作用，特别适合中老年人食用。

兰花炒海鲜。在我国盛产蝴蝶兰的台湾，人们把蝴蝶兰的花朵作为美味，常以海鲜配合炒制，很受欢迎。兰花在食用时，必须除去蕊柱，因为其上的雌雄蕊有苦涩味。当然，像铁皮石斛这样的小朵兰花无须除去蕊柱。

第五节　兰花药膳

药膳是用食物为原料，经过烹饪加工制成的一种具有医疗作用的膳食，它是中国传统中医中药知识与烹调经验相互结合、相互作用、寓医于食的产物。花卉入药在我国有着悠久的历史，马王堆汉墓出土的文物中就有中药辛夷花蕾。在我国古典医药巨著《神农本草经》和《本草纲目》中便收载药用花卉100余种。有特殊的文化内涵又兼有养生保健功能的，恐怕要数兰花为最了。在兰科植物的食用花卉中具有药膳功能的很多。

药膳强调的是既有药物的功效，又有食物的味美色香的特殊膳食。兰花药膳更有与其他药膳不同之处，其药性温和，不燥、不热，大都具有滋阴润肺之功效，生津养胃的特点，平肝熄风的性能，行气活血的能耐，可以治疗热病伤津、口干烦渴、病后虚热、阴伤目暗、虚火头痛、眼黑肢麻、神经衰弱、高血压头昏等症。

药膳既不像中药方剂那样难饮，又有别于普通饮食的只注重口感。花卉药膳集花卉的食用和药用、食补和药补、食疗和药疗于一体，在进食的同时等于服用了一副具有养生保健作用的绿色生态药（而不是化学药物）。发挥食物的药用效能"攻邪"，从而达到治疗疾病的目的；发挥食物的养生保健效能"补正"，从而达到滋养身体的双重作用。也就是说，药膳既可以疗病祛疾，又可防病养生，真正体现了药食同源的中国养生保健膳食的特点。

在古希腊，兰花最早是被当作壮阳药而被人们赏识。兰花与性有着很深的情结，在古希腊文中，兰花与睾丸是同一个字，因为兰花突出的块茎形似睾丸。在古希腊，人们相信兰花是森林之神赛特（Satyrs）追逐水边的仙女宁芙（Nymphs）时，从洒在地上的精液中长出来的，具有壮阳的作用，民间医师也以兰花来提取那个时代的"伟哥"。居住在加拿大的欧吉布威族（Ojibway，印第安族的一支），将粉红色仙女布袋兰（Calypso）称之为"爱的魅惑"，欧吉布威女人将其细致的花瓣磨碎，淬取出香汁，涂抹在身上来吸引异性。

据资料记载，有许多兰科植物都含有一定的药效。民间常利用兰花来治疗疾病或用于食疗保健，如越南原住民常用毛茎虾脊兰（Calanthe Sp.）的假鳞茎捣碎来擦治骨痛。缅甸人利用卵叶贝母兰（Coelogyne Occultata）的全草来医治胃炎。此外，在非洲有49种兰花用于传统医药中，以美冠兰属（Eulophia）居多，主要治疗咳嗽、腹泻、镇痛、恶心等症状。珍珠参（红门兰的根）对润肺益肾、滋补血、强身健体效果良好。

常见的药用兰科植物有绶草、石桃仙、天麻、金线兰、白芨、铁皮石斛、霍山石斛（米斛）、鼓槌石斛、金钗石斛、肿节石斛、细茎石斛（铜皮石斛）等，其中最常用的有铁皮石斛、霍山石斛、金钗石斛、金线兰、白芨、天麻等。

一、铁皮石斛

铁皮石斛为兰科石斛属多年生附生草本植物，是最为常见的药用石斛种类。其茎直立，显圆柱形，长9～35厘米，粗2～4毫米；萼片和花瓣为黄绿色，长圆状，披针形，长约1.8厘米，宽4～5毫米；花期3—6月。因其茎秆上多有铁锈状的斑点，故称"铁皮石斛"。主要分布于我国安徽、浙江、福建、广东、云南、贵州、湖北等地。其茎及花可入药，属补益药中的补阴药，可益胃生津，滋阴清热。市场及药店常见的为其茎秆干品经过炮制加工而成，呈球状，俗称"铁皮枫斗"。

铁皮石斛药用价值

铁皮石斛因其神奇独特的药用价值和保健功效，自古以来就深受中医药文化的推崇。历代诸多具有影响的医学专著和典籍均将其收入册中，奉其为"药中之上品"。例如，秦汉时期我国第一部药学专著《神农本草经》记载铁皮石斛："味甘，平。主伤中，除痹，下气，补五脏虚劳羸弱，强阴，久服厚肠胃。"唐代开元年间的道家经典《道藏》把"铁皮石斛、天山雪莲、千年人参、百二十年首乌、花甲之茯苓、苁蓉、深山灵芝、海底珍珠、冬虫夏草"奉为九大仙草。明代医学家李时珍的《本草纲目》中记载："石斛除痹下气，补五脏虚劳羸瘦，强阴益精，久服，厚肠胃，补内绝不足，平胃气，长肌肉，逐皮肤邪热痱气，脚膝疼冷痹弱，定志除惊，轻身延年，益气除热，治男子腰膝软弱，健阳，逐皮肤风痹，骨中久冷，补肾益力，壮筋骨，暖水休，益智清气，治发热自汗，痈疽排脓内塞。"金元四大名医之首、滋阴派学说创始人——义乌人朱丹溪指出，"人，阴常不足，阳常有余"，并在滋阴的药材中，首推铁皮石斛为"滋阴圣品"。铁皮石斛最大的功效是滋阴，调理人体阴阳平衡。历代的医家认为它具有滋阴生津、养肝明目、补益脾胃、强筋降脂的功效，经常服食还能延年轻身。89岁的乾隆皇帝长寿的秘诀就是爱用铁皮石斛滋阴养生，炖汤、喝酒、喝茶，大宴群臣，都必用铁皮石斛。

铁皮石斛已被列为最天然、最有效的美容养颜抗衰老食材之一，被广大女性誉为"女性美容圣品"。铁皮石斛曾经是武则天用来美容养颜的宫廷秘方。武则天深知铁皮石斛的功效，经常喝铁皮石斛茶滋养身体，甚至到了80高龄依然面部红润不显老。铁皮石斛中含有丰富的石斛多糖，能有效清除皮肤中的有害物质自由基的堆积和沉淀，延缓人体细胞组织衰老，能够增加T细胞、NK细胞和巨噬细胞的免疫力，对T细胞尤其明显。所以长期服用铁皮石斛能够清除自由基，促进机体体液免疫、细胞免疫和诱生多种细胞因子，具有免疫增强功效。铁皮石斛对肺癌、卵巢癌和早幼粒细胞性白血病等恶性肿瘤的某些细胞有杀灭作用，具有较强的抗肿瘤活性。临床用于恶性肿瘤的辅助治疗，能改善肿瘤患者的症状，减轻放、化疗的副作用，增强免疫力，提高生存质量，延长生存时间。

铁皮石斛可补气养精，在预防和治疗眼睛视力、眼部疾病方面有独特的功效，被历代医家用作养护眼睛的佳品。宋代的《圣济总录》中记载有石斛散，其功用就是治疗"眼目昼视精明，暮夜昏暗，视不见物，名曰雀目"。现代药理学研究证实，石斛对防治老年白内障和保护少儿视力有明显效果。铁皮石斛对半乳糖性白内障有延缓和治疗作用，还可以使白内障晶状体中的醛糖还原酶的活性明显提高，并使多种酶的活性基本恢复到正常的水平，从而治疗白内障。

食用铁皮石斛从古流传至今就能证明其药用价值非同一般，所以，铁皮石斛成了现如今很流行的滋补品，那铁皮石斛怎么吃效果才好？

（1）鲜吃：新鲜铁皮石斛最大程度保留了其自然之精华。现代医学证明，鲜食可以清热、养阴、生津，可摄入大量石斛多糖和石斛碱，清除体内垃圾和毒素，净化血液，再生细胞，加速伤口复原，抑制细胞的变异，促进人体新陈代谢。

取新鲜铁皮石斛若干，洗净入口细嚼，或捣烂和开水吞服，或用开水煎煮服用，味甘而微黏，清新爽口。一般每天服用10～20克，早、晚空腹嚼咽。

（2）鲜榨汁：铁皮石斛鲜榨汁，能比较充分地吸收铁皮石斛的有效成分。取10克左右新鲜铁皮石斛，先用冷水浸泡洗净，去衣，切成短条（大约5厘米或稍短）。榨汁分两次完成，第一次加250毫升左右的水，与铁皮石斛鲜条一起开机榨汁（可加几块食用冰块），大概30秒后暂停，再加入250毫升左右的水，继续榨大概1分钟，最后过滤一下就可饮用了。

（3）煎汤：铁皮石斛宜浸泡后久煎，内酯类生物碱水解后更易吸收。近代名医张锡纯说："铁皮石斛最耐久煎，应劈开先煎，得真味。"取新鲜铁皮石斛，洗净去衣切碎或拍破加水入锅文火煎煮一个小时左右，连渣早晚服用。为方便，可取三日量（约50克）同煎，低温冷藏，服前加热即可。

（4）泡茶：铁皮石斛入茶，能品出特有的草木清香，甘甜清凉的滋味令喉头清爽、身心舒畅，长期饮用对健康极其有益。最常见的还是使用铁皮石斛干品中的铁皮枫斗进行煮、泡饮。取铁皮枫斗若干（根据需要取3～5个左右），直接用开水多次冲泡饮用，或是煎煮饮用，最后连渣嚼服。

（5）入膳：民以食为天，药补不如食补，铁皮石斛可药食两用。将铁皮石斛加入日常饮食中，边吃边补，这可能是大家最乐意的吃法吧！将鲜铁皮石斛洗净去衣切碎或敲扁后煮粥、做羹、入菜，可一同煲鸡、煲鸭、煲骨、煲鱼。

铁皮石斛入膳

（6）浸酒：取铁皮石斛，洗净去衣切碎拍破，单味或和其他物料一起浸入40度以上酒中，3个月后即可食用。但切记不要用使用荞酒，严重影响口感。

铁皮石斛浸酒

（7）磨粉：铁皮石斛枫斗，经超细微粉碎为铁皮石斛超微粉。可每天服用1克左右，可加入开水、牛奶、豆浆和各种煲好的汤中服用。同时可以根据不同体质咨询医生，配以西洋参、珍珠粉、灵芝粉、花粉、蜂蜜等一起服用。

铁皮石斛磨粉

（8）熬制药膏：对劳损虚弱、肢节多痛、体乏、夜多盗汗等症状有显著疗效。将石斛洗净去杂质后切碎或拍破，加水煎熬（可加其他中药材），水的比例是3∶1，即3碗水熬成一碗水。连煎两次，弃渣后用小火浓缩，再加冰糖，继续熬制成膏状食用。

二、霍山石斛

霍山石斛为兰科石斛属多年生草本植物，俗称米斛，药用价值极高，因其数量稀少，产量较低，也是目前药用兰植物中价格最为昂贵的石斛种类之一。霍山石斛属于霍山特有品种，原产于安徽省霍山县太平畈乡。其茎直立，肉质，不分枝，淡黄绿色，株高小于10厘米，是所有药用兰科植物中株型最为小巧的种类。叶革质，2～3枚互生于茎的上部，斜出，舌状长圆形。总状花序1～3个，每花序具1～2朵花；花为乳白色，开展；花瓣卵状长圆形，先端钝，具5条脉；唇瓣近菱形，长和宽约相等。

霍山石斛植株

"米斛"名称的由来出自范瑶初，其云："霍山属六安州，其地所产石斛，名米心石斛。以其形如累米，多节，类竹鞭，干之成团，他产者不能米心，亦不能成团也。"因其外形酷似佛肚竹，每一节膨大呈球状，恰似一个个米粒一样抱团生长，故名米斛。因该种类特产于霍山地区，因此得名"霍山石斛"。清代赵学敏《本草纲目拾遗》中记载："霍石斛出江淮霍山，形似钗斛细小，色黄而形曲不直，有成球者，彼土人以代茶茗，霍石斛嚼之微有浆、黏齿、味甘、微咸，形缩为真。"该书引用《年希尧集验良方》曰："长生丹用甜石斛，即霍山石斛也。"该书又引用其弟赵学楷《百草镜》语曰："石斛近时有一种形短只寸许，细如灯芯，色青黄，咀之味甘，

米斛

微有滑涎，系出六安及颖州府霍山是名霍山石斛，最佳……"

霍山石斛能大幅度提高人体内SOD（延缓衰老的主要物质）的含量，熬夜、用脑多、烟酒过度、体虚乏力的人群，非常适宜经常饮用。霍山石斛有明目作用，也能调和阴阳、壮阳补肾、养颜驻容，从而达到保健益寿的功效。由于霍山石斛的产量较低，数量稀少，价格高昂，导致市面上有许多假冒的产品销售。很多不法商贩将产于霍山地区的铁皮石斛及细茎石斛（铜皮石斛）等作为"霍山石斛"销售。霍山石斛鲜品体量较小，茎节短缩膨大如米粒状累积，便于区分。霍山石斛干品常保留根系及花枝，做成的枫斗颗粒小巧紧凑，呈"龙头凤尾"形，是区别于其他石斛的一个重要特点。

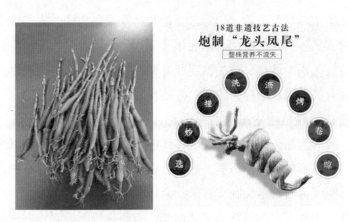

霍山石斛的鲜品和干品

三、金钗石斛

金钗石斛为最正宗的中药石斛，是兰科石斛属多年生附生草本，因形像古代女子头上的发钗而得名。花色艳丽，民间常用鲜花点汤，味鲜美可口。其茎直立丛生，肉质状肥厚，上部稍扁且弯曲上升，高10～60厘米，粗达1.4厘米，基部明显收狭，不分枝，具多节，节有时稍肿大，干后呈金黄色。金钗石斛主要分布于贵州赤水、习水以及四川泸州一带，其中尤以贵州赤水金钗石斛为佳。根据中国药材种植资源普查结果，目前国内只有贵州赤水符合金钗石斛的野外种植条件。贵州赤水的金钗石斛生长于悬崖峭壁之间。以其茎入药，具有生津润喉、清热消炎、清心明目、防癌抗癌之功能，是驰名国内外的珍稀名贵中药材。

金钗石斛

金钗石斛全年均可采收，以春末夏初和秋季采集为好；人工栽培以栽后三年秋冬季节采收为好。鲜用者除去根及泥沙；干用者采收后，除去杂质和须根，然后放入锅中炒热，搓去薄膜状叶鞘，或者用开水略烫或烘软，切段后再放置在通风干燥处贮存，防潮。鲜品置阴凉潮湿处，防冻。

石斛属是兰科植物中最大的一个属，石斛作为药用最早记载于《神农本草经》，列为上品，距今已有2000多年的历史。除了以上三种以外，还有束花石斛、流苏石斛、环草石斛、鼓槌石斛、兜唇石斛、重唇石斛、细叶石斛、密花石斛、齿瓣石斛、肿节石斛、细茎石斛等。

石斛药膳中最著名的要数石斛猪肘粥、石斛排骨粥。制作方法是：石斛（以上任何一种都可以）的茎15克、猪肘、冰糖、红枣适量。将冰糖炒成深黄色糖汁，然后用砂锅煮猪肘，除去浮沫，再将石斛、红枣、冰糖汁放入，用微火慢慢煨，待猪肘煨至烂熟即成。此方有益胃生津、养阴清热、益精明目的功效，可单食或佐餐。

四、金线兰

金线兰为兰科开唇兰属植物，俗称金线莲，株高8～18厘米。根状茎匍匐，肉质，具节，节上生根。茎直立，肉质，呈圆柱形，具2～4枚叶。叶片呈卵圆形或卵形，为暗紫色或黑紫色，有金红色带有绢丝光泽的美丽网脉，背面为淡紫红色。总状花序具2～6朵花，长3～5厘米；花白色或淡红色；萼片背面被柔毛，中萼片呈卵形，凹陷呈舟状；花瓣质地薄，近镰刀状。花期为8—11月。生于海拔500～1600米的常绿阔叶林下或沟谷阴湿处，多产于我国的浙江、江西、福建、湖南、广东、海南、广西、四川、云南、西藏、台湾等地。

金线兰

金线兰全草肉质，均可入药，其性味平、甘，清热凉血、祛风利湿，在我国民间有着较为悠久的药用历史。近年来，随着兰科开唇兰属植物化学成分研究的不断深入，金钱兰的药用化学成分不断被发现，主要包括黄酮及苷类、甾醇类、三萜类、生物碱类、挥发油类、多糖类等，对小儿高烧不退、湿疹等具有非常好的治疗效果；对支气管炎、肾炎、膀胱炎、糖尿病、血尿、风湿性关节炎、急慢性肝病、高血压、动脉硬化、脑血栓等常见慢性病亦有辅助功效。虽然传统医学和现代医学都证明该属植物具有较高的药用价值，但市场上含有该属植物药材的制剂却非常少，而目前其作为茶叶销售的却非常多。

药膳处方：金线兰煨猪脚，对风湿性及类风湿关节炎有效用，食用时可加少许黄酒，此方在浙江平阳一带为治疗风寒湿痹的著名草药药方，一般1～2剂即可见效。

五、白 芨

白芨为兰科白芨属多年生草本植物，植株高18～60厘米。地下有粗厚的根状茎（或称假鳞茎），如鸡头状，富含丰富的淀粉，黏性很强，常数个相连，含白芨胶质，即白芨甘露聚糖，可供药用，有止血补肺、生肌止痛之效。白芨属植物全世界约有6种，均分布在亚洲地区。我国有4种，包括白芨、小白芨、黄花白芨和华白芨。其中白芨为《中国药典》所收载，取其块茎供药用，为法定中药材，药材名白芨，又名冰球子、利知子、地螺丝。

白芨的花

白芨药材

白芨在我国民间作为药用已有上千年的历史。白芨作为药用植物始载于东汉时期的《神农本草经》，"主痈肿、恶疮、败疽，伤阴死肌，胃中邪气"，列为下品。李时珍在《本草纲目》中说："其根白色，连及而生，故名白芨。"在《吴普李草》《本草经集注》《蜀本草》《本草图经》等历代医药著作中都有记载。白芨的主要成分为甘露聚糖、淀粉、挥发油等。夏秋二季（8—10月）采挖假鳞茎，除去须根，洗净，置沸水中煮或者蒸至无白心，晒至半干除去外皮再晒干，置通风干燥处贮存。在医药上其具有收敛止血、消肿生肌的功效，素有"必涩而收，入肺止血，生肌治疮……外科最善"之称。

白芨作为止血药由来已久，且止血效果确切可靠，其作用机理与其所含的大量白芨胶有关。白芨胶是一种较理想的化妆品天然植物添加剂，可使化妆品真正成为"天然化妆品"，正符合当今"化妆品回归大自然"的发展新趋势。由于白芨鲜鳞茎黏性很强，在工业上可做糊料、浆纱或涂料等的原料。白芨多糖胶还可应用于食品及化工产品中，替代化学增稠剂，并具有减少刺激性，保护皮肤、延缓衰老等功能。近年来，有关研究表明，白芨对胃、十二指肠等黏膜的保护作用是通过刺激黏膜细胞合成和分泌释放内源性前列腺素实现的，从而起到预防和治疗黏膜受损细胞的溃疡作用。因此，白芨目前广泛地应用于治疗胃、食道、十二指肠等消化道溃疡，鼻腔、口腔等呼吸道黏膜溃疡，子宫、阴道等妇科黏膜溃疡以及皮肤损伤、疮疡、烧烫伤等疾病。可取白芨和玫瑰花各5克煮沸熏蒸脸部，用来治疗黄褐斑。

六、天 麻

天麻为兰科天麻属多年生草本植物，是典型的腐生植物，无绿叶，不含叶绿素，不能进行光合作用自养，只能依赖与其共生的密环菌供给养料。密环菌适宜在潮湿的土壤中繁殖，以树木纤维作为其生长所需的营养。天麻靠消化侵染自身的密环菌获得营养，当密环菌营养来源不足时，密环菌又可以利用天麻体内的营养生长。天麻根状茎肥厚，单一的茎端是总状花序，其上开满淡黄绿色的小花。蒴果呈倒卵状椭圆形，常以块茎或种子繁殖。其块茎可入药，是名贵中药材。

早在《神农本草经》中就有关于天麻的记载，称为"赤箭"。沈括在《梦溪笔谈》中记载："世人惑于天麻之说，遂止用之治风，良可惜哉。"天麻性甘，味平，入肝经，具有息风、定惊功效。其富含的天麻甙可治眩晕眼黑、肢体麻木、半身不遂、小儿惊风癫痫等，常煎汤内服。许多地方都流行用天麻来作药膳佳肴，著名的有天麻鱼汤、天麻汽锅鸡、天麻蜂蜜饮等。

天麻的块茎

除此以外，分布于西南、华西、西北山坡灌木草丛中的红门兰，又名珍珠参，是身体虚弱的滋补良药，炖猪脚或瘦猪肉食用有奇特的功效。其矮小的植株下有一肉质的块茎，穗状花序上的花大多偏向一侧，开满紫色的小花。

兰科中并不起眼的绶草又名盘龙参，其根或全草在滇中地区常被用来做

91

药膳治疗病后体虚、精神衰弱、肺结核咯血、头晕等症，通常的做法是蒸鸡蛋、炖猪脚或瘦猪肉。竹叶兰全草均可入药，具有清热解毒、祛风湿和消炎利尿之功效；流苏虾脊兰能清热解毒，强筋壮骨；独蒜兰可治疗肝脏疾病。

我国传统药膳从其医疗意义来说，是中医学的一个组成部分。它是以中医学的阴阳五行、脏腑经络、辨证施治的理论为基础，按中医方剂学的组方原则配料，按药物、食物的性能是否能够相互配合、相互作用的原则选配组合，使其能够达到最佳的功效为目的。药膳的主要功能是以食物和药物的药性来矫正人体脏腑机能的失常。例如，寒性或凉性的兰花（如斑叶兰、金线兰、麦斛、石斛）药膳可减轻或消除人体热症，而给虚寒病人配制药膳宜多用温性或热性的药物和食物（如天麻、珍珠参、盘龙参等），以温中补虚。我国传统医学理论认为，药膳最能够扶正固本，因为它所用的药物和食物大多具有滋补或调节阴阳的功能。

第四章　颂扬兰花

——兰花的诗词和书画

《说文解字》云："兰，香草也，从草，阑声。"凡具有香味的花草，皆称为"兰"。至于兰科植物，最早的人工栽培可追溯至唐代，至宋代后才将其称为兰。传统上的"兰花"多指兰科兰属植物，也就是所谓的国兰，其枝叶姿态秀美，花色淡雅朴素而香味馥郁，象征高洁典雅，与梅、竹、菊合称"四君子"，历代文人志士以兰喻志、抒情，诗词丹青，笔墨不辍。因文人歌颂倡导，上至达官贵人，下至黎民百姓，无不赏兰，形成了浓厚的赏兰、品兰的兰花文化。

兰花因其自身清雅、幽香的特质，多用以隐喻美好的事物，更是文人骚客笔下的常客，由此衍生出来的词语、典故也比比皆是。国人赏兰，已不仅仅是赏花那么简单，而是将兰花的姿态、香气和人的气质、物之美好紧密联系在一起。兰花带给国人更多精神追求的同时，中华文化也赋予兰花新的生命意义。

第一节　词海拾兰

在中国的文化语境里，"兰"已经完全脱离它本身的词义，成为一个内涵丰富的文化符号。没有哪一种植物，在中国语言文字中的运用能与兰花相比，作为一个词根或者词素，它与其他的字词一经组合，就构成了具有美好情感意味与境界的新词，这真是一件奇妙的事情。

（1）兰时：良时，亦指春日。

（2）兰章：比喻华美的文辞。多用以赞美他人的诗文、书札。

（3）兰讯：对他人书信的美称。

（4）兰期：对相会日期的美称。

（5）兰言：形容心意相投的言论。

（6）兰藻：比喻文词如兰的芬芳，如藻的美好。谢灵运有诗云："众宾悉精妙，清辞洒兰藻。"

（7）兰宇：指宫室之美。

（8）兰室：芳香高雅的居室，犹香闺，同"兰闺"，女子居室的美称。张华《情诗》云："佳人处遐远，兰室无容光。"

（9）兰房：充满兰香的精舍，多指贤士住所，亦指对女子居室的美称。

（10）兰友：指知心之交。

（11）兰交：指意气相投、志同道合的朋友。

（12）兰襟：用以比喻良朋益友。衣襟的美称。

（13）兰客：品德高尚的朋友。

（14）兰仪：美好的仪态。

（15）兰熏：兰花的香气四溢。比喻芳洁。

（16）兰艾：兰，兰草；艾，萧艾，即野蒿，臭草。兰香艾臭，常常比喻君子小人或贵贱美恶。

（17）兰桂：兰草与桂树。比喻有优良资质的人，也用于比喻子孙。

（18）兰石：兰花般的芬芳，石头般的坚固。用以比喻天生的美质或高节。《论衡·本性》："禀兰石之性，故有坚香之验。"

（19）兰芝：兰草与灵芝草。比喻高风美德。

（20）兰芷：兰草与白芷。比喻美好的品德。

（21）兰玉："芝兰玉树"的略语，旧时用于对别人子弟的美称。

（22）兰若：①兰草和杜若，皆为香草。李白有诗云："尔能折芳桂，吾亦采兰若。"②佛教寺院。梵语阿兰若的略语，意为寂静无烦恼之处。杜甫有诗云："兰若山高处，烟霞嶂几重。"

（23）兰谱：①指兄弟结拜时互相交换的帖子，上面写着自己家庭的谱系。②各种兰花专著的统称。最早的兰谱是南宋绍定六年（1233年）赵时庚的《金漳兰谱》，论述各种兰花品种的特征、品质的高下及栽培、管理、灌溉方法。

（24）兰舟：指礼仪用船只。

（25）兰姿：指称姿容之美。

（26）兰服：华服之美称。

（27）兰臭：兰草的香味。比喻意气相投的言语。臭，指气味。

（28）兰味：比喻志趣相投。意同兰臭。

（29）金兰：言交友相投合。

（30）兰夜：农历七月初七。

（31）兰秋：夏历七月的别称。谢惠连有诗云："凄凄乘兰秋，言饯千里舟。"

（32）兰褉：僧衣。

（33）兰检：古代帝王发布的诏令。

（34）兰汤：有香气的热水。

（35）兰烓：可供燃烧的长香。

（36）兰箭：兰的枝干。

（37）兰荪：菖蒲的别称。常比喻贤俊或美德。

（38）桂殿兰宫：形容高贵壮丽、富丽堂皇、香气浓郁的宫殿。

（39）芝兰之室：意谓盆栽着芝兰的屋舍。比喻良好的环境。

（40）芳兰竟体：意谓兰花的香气充满全身。比喻人的举止娴雅，风采动人。

（41）兰薰雪白：意谓如同兰草一样芳香，好像雪花一样洁白。形容人品高雅纯洁。

（42）兰摧玉折：意谓兰花被摧残，美玉被折断。《世说新语·言语》："毛伯成既负其才气，常称：'宁为兰摧玉折，不作萧敷艾荣。'"萧、艾，恶草，屈原《离骚》中用以比喻小人。意谓宁作守身的君子，不作小人而后生。引申义：①比喻为坚守高尚的情操或正义的信念而死。②比喻贤人君子不幸早死。多用于哀悼人早死之辞。③比喻丧偶。

（43）空谷幽兰：意谓空旷而人迹罕至的山谷中，生长着幽香的兰花。比喻品质高洁、风格秀逸而身份隐秘不外露的高人、才女或事物。

（44）春兰秋菊：意谓每年春天以兰花、秋天以菊花祭奠死者，可以绵延不绝，表示香火不断。比喻人或事物各有所长，各擅其美，难分轩轾。

（45）怀琼握兰：意谓怀里揣着琼玉，手里拿着兰草。比喻人具有高尚的品德和出众的才能。

（46）披榛采兰：意谓拨开丛生的荆棘，采择芳香的兰花。比喻选拔优秀人才或挑选优异的事物。

（47）桂子兰孙：桂、兰，皆形容优异。桂子兰孙，形容优异的子孙。多用作对他人子孙的美称。

（48）芝兰玉树：比喻优秀子弟或完美人物。

（49）兰芽玉苗：意谓兰的嫩芽如同美玉一样苗壮挺秀。比喻英俊的儿童、青少年健壮地成长；也指人才杰出、英姿焕发。

（50）谢兰燕桂：比喻能光耀门庭的子侄辈。

（51）兰桂齐芳：意谓兰花和桂花争奇斗艳，一齐放出芳香。比喻子孙兴旺发达，各个出类拔萃。"兰桂齐芳"是我国传统的吉祥图案，由兰花和桂花组成。兰花姿态优美，品性高洁，因此古人常以佩兰喻品德高尚之人。而桂花树也是崇高、贞洁、荣誉、友好和吉祥的象征，古人常将桂花当作礼物送人，用"折桂"来比喻学子考中科举。

《兰桂齐芳》扇面

（52）蕙心兰质（蕙质兰心）：意谓如同蕙草般的心地，兰草般的品性。比喻女子心地纯真，品格高洁。兰质，美好的资质。王勃《七夕赋》："金声玉韵，蕙心兰质。"

（53）吹气如兰：意谓呼出的气如芳香的兰花。引申义：①形容美女的气息香气袭人。②形容诗文语句清新秀逸。

（54）芳兰之姿：意谓姿质像芬芳的兰花一样秀丽高洁。

（55）采兰赠芍：泛指男女之间互赠礼物以表示情爱。

（56）并蒂兰葩：蒂，花或瓜果与枝茎相连的部分。兰葩，兰花。意谓犹如共生于一个蒂上的一对兰花。比喻恩爱夫妻或情侣。

（57）兰情蕙盼：形容女子对意中人的情爱和期盼。

（58）兰因絮果：比喻婚姻以美满开始，以悲剧告终。兰因，比喻美好的姻缘，取自春秋时郑文公妾燕姞梦兰的故事。絮果，比喻离散的结局，飞絮比喻漂泊。

（59）金兰之交：意谓彼此情投意合得如同金子般牢固，兰香般浓郁。比喻始终不渝、诚挚深厚的交情。"金兰"一词源于《周易·系辞上》："二人同心，其利断金；同心之言，其臭如兰。"指友情似金石般坚硬，如兰花般沁香。《世说新语卷五·贤媛》："山公与嵇、阮一面，契若金兰。"

（60）吉梦征兰：吉梦，吉祥的梦。征兰，梦到兰花的征兆。原指郑文公之妾燕姞梦见天使授其兰花，结果生下了郑穆公。引申泛指妇女身怀有孕将生佳儿的吉兆。

（61）荷衣蕙带：意谓身穿荷叶之衣，腰系蕙草之带。原指仙人的衣着。引申以专指高人隐士的衣着或高人隐士。

（62）兰成憔悴：兰成，北周庾信的小名。多表示身世飘零的人因乡思怀人而忧伤愁闷。

（63）芝焚蕙叹：意谓芝草被烧，蕙草嗟叹。比喻同类遭遇不幸而痛惜悲伤或物伤其类。

（64）兰艾杂揉：比喻不同品质的人或事物混杂在一起。

（65）兰形棘心：意谓外形如同兰草，内心好似荆棘。比喻外表美好和善，内心卑鄙险恶。

（66）迁兰变鲍：比喻潜移默化。

（67）兰薰桂馥：比喻德泽长留，历久不衰。骆宾王《上齐州张司马启》："博望侯之兰薰桂馥。"博望侯，谓汉代张骞。亦用来称人后裔昌盛。

……大量芬芳、纯洁、智慧的事物，都被储藏在一个笔画简单的字里，被千年的岁月携带着，让一代代人不间断地完成绝美的邂逅。

第二节　史海说兰

在人类文明的春天，在那青藤如瀑、花香果熟、蝶飞凤舞、草木竞秀的初生天地，在一片保持着原始生态的净土里，我们的祖先种下了兰文化的种子……

一、孔子颂兰

孔子，名丘，字仲尼，春秋时鲁国人。孔子一生所著经典有二，一为有字之书，是为儒家经典；二为无字之书，兰是为其要。孔子算得上是第一个歌颂兰花的人。

两千多年前，号称有三千弟子的孔子坐在粗陋的马车上遍抵诸侯，宣传自己的政治思想。当时，周室衰微，礼崩乐坏，孔子身在鲁国，心系天下。鲁定公享乐怠政，让他很失望。于是孔子开始周游列国，宣传自己的思想主张和治世之道，但是却得不到各国君主政要的重视。

"知我者谓我心忧，不知我者谓我何求。"是什么力量支撑着一个儒者跋涉千里，周游列国？他每次陷入困境后的苍凉和悲怆，以及奋起的乐观和坚忍，我们现在是否还能体会？在他漂泊奔波的第14个年头，他从卫国回到鲁国。当路过一处幽静隐秘的山谷时，看到满谷青草，茂密杂生，其中却有几株芗兰盛开，风姿婀娜，醇香清雅，色彩鲜洁。此时的孔夫子仿佛进入了幻境一般不能自持。他和众弟子在此停驻许久，迟迟不愿离去。

孔子不由感叹："夫兰当为王者香，今乃独茂，与众草为伍，譬犹贤者不达时，与鄙夫为伦也。"意思是说，兰者当在殿堂之上为君主绽放，为王者留香，如今却在山谷中与众草为伍，寂寞孤芳。就像圣贤之士，生不逢时，无法施展才华抱负，只能纠缠于卑鄙小人之间。于是，孔子命人停下马车，来到谷边，席地而坐，抚琴而歌。

> 习习谷风，以阴以雨。之子于归，远送于野。
>
> 何彼苍天，不得其所。逍遥九州，无有定处。
>
> 世人暗蔽，不知贤者。年纪逝迈，一身将老。

意思是：山谷中吹着阵阵寒风，天气时阴时雨，我回家了，经过这山野，天下如此之大，却没有我施展抱负的地方，周游了诸侯各国，却没有一个国家留下我。现在的人都不识有才能的人。我年纪已经老了，身体也衰弱了，赶紧回家吧！

随行弟子们记录下孔子的吟唱，后汉名士蔡邕编辑《琴操》时收录此歌，名为《猗兰操》，操，即古琴曲。唐代韩愈又效仿续作了一篇《猗兰操》，并称"孔子伤不逢时作"，规格相同，借谱改词矣。

从此，孔子无可救药地爱上了兰花。在三国魏人王肃所收集编纂的《孔子家语》一书中，也记载了孔子颂兰的一段佳话。《孔子家语》中说，子夏喜爱与比自己贤明的人在一起，所以他的道德修养将日有提高；子贡喜欢与才质比不上自己的人相处，因此他的道德修养将日见丧失。原因何在呢？于是孔子举了一系列比喻，说明交友和环境对人品性的影响作用。

孔子曰：与善人居，如入芝兰之室，久而不闻其香，即与之化矣；与不善人居，如入鲍鱼之肆，久而不闻其臭，亦与之化矣。丹之所藏者赤，漆之所藏者黑，是以君子必慎其所处者焉。

意思是：孔子说，和君子贤人交往，被他们的精神品质所感染熏陶，受其教化，不知不觉会成为和他们一样的人。就好比身处与兰芷芬芳的厅堂，幽香郁然，沁润身心，久而久之，习惯了，就感觉不到香气的存在。与小人、恶人为伍，被他们的卑劣行径所影响诱惑，受其同化，浑浑噩噩地与他们同流合污。就好比行走在卖咸鱼干的集市，恶臭腥臊，刺透鼻肺，时间长了，麻木了，也不会觉得那是臭味。藏丹的地方时间长了会变红，藏漆的地方时间长了会变黑，所以说真正的君子必须谨慎地选择自己处身的环境。

通过这两个对比的例子，得出结论："君子必慎其所处"。从此"芝兰之室"这个成语就成为良好环境的代名词。成语"迁兰变鲍"也来源于此，比喻潜移默化。

还有一个"困厄陈蔡七日"的故事也很有名。孔子迁居到蔡国大约有三年的时候，楚昭王听闻孔子在蔡国，便派使者携重金聘请孔子。于是孔子率领弟子们前往楚国去礼拜楚王。陈蔡两国的大夫密谋商量说，孔子是贤人，对各诸侯国的状态弊病洞察得很透彻，楚国是大国，如果孔子为楚国所用，那么对陈蔡两国是很不利的。于是派出门客军卒将孔子一行围困在陈蔡之间

的郊野中，使他们无法与外界沟通，以致绝粮七日，不少弟子随从都病倒了。面对如此绝困之境，颜回四处采寻野菜，子贡也偷偷潜出重围，用身上携带的东西与乡野村人换些米粮。而孔子更是慷慨讲诵，抚琴高歌不止。这时，子路愤懑地说："我听说，做好事的老天报之以福，作恶的老天报之以祸。老师积德怀义，而且身体力行很长时间，为什么要困穷到这样啊？"孔子列举了历史上伯夷、叔齐、比干、伍子胥等贤德之人最后遭遇不幸的故事回应子路，并说："夫遇不遇者，时也，贤不肖者，才也。君子博学深谋而不遇时者，众矣，何独丘哉？"在此期间，孔子与颜回、子路、子贡等弟子们进行了多番讨论对答。其中就有：

芝兰生于深林，不以无人而不芳；君子修道立德，不谓困穷而改节。

意思是：兰花生长在幽深的丛林里，虽然人迹罕至，但是它不会因为没人欣赏就不再流芳溢香；君子修养自身道德，不会因为处境穷困就改变气节情操。

颜回、子贡听闻后，感叹："夫子之道至大，天下莫能容。"

兰文化的种子，可以说就是从这里开始种下的。孔子关于兰花"不以无人而不芳"的美德境界，也成为先秦时期儒家的共识。人们开始顺理成章地用兰花的幽香清远来比喻君子德行的高贵雅洁，不媚流俗。兰香，仿佛若有若无，清是其气，纯是其质，正是其里，逸是其表，高是其格，雅是其品。孔子觉得除了王者之香之外再不足喻，那种妙不可言的感受已经几近于道。

二、勾践种兰

越王勾践（约前520年—前465年），姒姓，本名鸠浅，古时华夏文字不同，音译成了勾践，又名菼执。夏禹后裔，越王允常之子，公元前496年允常去世，勾践继承王位。三年后吴越之战爆发，越国战败，勾践被吴王夫差囚在会稽（今浙江绍兴）。

"勾践种兰渚山"或"勾践种兰渚田"，均出自东汉会稽的袁康、吴平撰写的《越绝书》。《越绝书》是我国现存最早的地方志，"一方之志，始于《越绝》"，这在我国方志界已成定论。在这部珍贵的史料中，记录了一个不平凡的故事。

公元前492年勾践从吴国被释放回国，这位饱受屈辱的越王立志要灭吴争霸，报仇雪耻。他卧薪尝胆，奋发图强，十年生聚，十年教训（生聚：繁殖人口，聚积物力；教训：教育，训练。指军民同心同德，积聚力量，发愤图强，以洗刷耻辱）。吴王夫差是一个贪图声色享受的人，仅在姑苏城内就有宫苑30余处。为了装点这些美丽的宫苑，他广求奇花异草、珍禽异兽。勾践为了表示对吴王的"忠心"，不惜建立犬山以畜犬，猎南山白鹿；建立美女宫，调教美女西施、郑旦，同时，在渚山建立兰花基地，以呈吴王。

宋朝的张昊在纂修宝庆《会稽续志》中写道："兰，《越绝书》曰：勾践种兰渚山。旧经曰：兰渚山，勾践种兰之地，王、谢诸人修禊兰亭。"

兰亭

现今被称为"兰渚山"的地方位于漓渚镇漓渚村南面和兰亭镇兰亭村（即兰亭风景区）北面这一带山麓。据《越中杂识》曰："兰渚山，在山阴县西南二十七里，晋王羲之修禊处。宋末义士唐珏等葬宋陵骨于此。兰渚（zhǔ，水中小块陆地），在山阴县南二十五里，王右军修禊处（因王羲之曾任右军将军，世称'王右军'），墨池、鹅池、流觞曲水皆在焉。离渚，在府城西三十里，发源于西南诸山，萦回盘旋，合于离渚。"以上说明"兰渚山""兰渚""离渚"（即漓渚）都源于一个"渚"字，因地有漓江，江中有"渚"故以此为名，即"西南诸山"为"渚山"，"西南诸田"为"渚田"。因勾践将"渚山"上所掘兰花种植养护在"渚田"里，以进贡吴王备用，故有"勾践种兰渚山"或"勾践种兰渚田"的记载。为此，后人称勾践掘兰的"西南诸山"为"兰渚山"，养护种植兰花的地方为"兰渚"，即

"兰亭",《越中杂识》曰:"兰亭,在山阴县西南二十七里。昔勾践种兰于此,故地名兰渚,亭亦以名。"至今,漓渚镇的群众还称"兰渚山"一带的山麓为"渚山"。

绍兴乃越国古都,文化之邦,历史悠久,源远流长,山清水秀,物产丰富,是江南著名的水乡、桥乡、酒乡、兰乡。绍兴兰文化是越文化的重要组成部分,其形成和发展深深扎根在古越这块肥沃的土壤里,越王勾践在绍兴兰渚山种兰开创了古越兰文化的先河,使绍兴成为我国兰文化的故乡。1984年绍兴市将兰花定为市花。

勾践自然不知后事如何,只知静心种兰。他日出而作,日落而息,与季节同等脉动。日子久了,对于花树消息就能心领神会,有时独坐庭阶,满眼都是绿的光影,看似不动,有瞬息生灭,好不容易把绿波看成静止的画面,忽然一阵花香袭来,眼前和心内世界一起粉碎,觉得自己不过是庭院里一片会走路的叶子而已。一个能如此隐忍的人,最终将会怎样爆发?20余年后,勾践终于一举灭吴雪耻,随后,越军控制江淮全境。诸侯尽来朝贺,勾践迁都琅琊,称霸中原。

兰亭,位于浙江省绍兴市西南14公里兰亭镇的兰渚山下,是东晋著名书法家、会稽内史王羲之的园林住所,是一座晋代园林。传春秋时越王勾践曾在此植兰,汉时设驿亭,故名兰亭。古亭几经迁移,今亭为清康熙三十四年(1695年)重建。

东晋永和九年(353年)三月初三,王羲之邀集了谢安、孙绰等当时的名人雅士、亲朋好友41人到兰亭修禊(修禊,古代传统民俗。季春时,官吏及百姓都到水边嬉游,是古已有之的消灾祈福仪式,后来演变成古代诗人雅聚的经典范式),在"曲水流觞"活动中作诗37首,王羲之为这37首诗编成"兰亭集",而且作序,即被誉为天下第一行书的《兰亭集序》。37首诗中就有几首写到兰花。如徐丰之的"俯挥素波,仰掇芳兰。尚想嘉客,希风永叹";袁峤之的"人亦有言,竟得则欢。喜宾既臻,想与游盘。微音迭咏,馥为若兰。苟齐一致,遐想揭竿"。

所谓"曲水流觞",是指众人沿曲水(引水环曲成小渠)列坐,把酒器羽觞放在曲水的上游,任其顺流而下,酒杯停在谁的面前,即饮酒赋诗。此后,历代雅士仿效兰亭修禊,往往在园林中建有流杯亭。于亭中地面石板上凿出弯弯曲曲的沟槽,并引水入渠。参加宴会的人来到石渠两侧,把盛满酒的木制酒杯或青瓷羽觞从上游放下，任其漂流，杯飘到谁面前，即饮酒赋诗。如北京南海的流水音、潭柘寺的猗玕亭。另一种是水渠设在开敞的地面上而不设亭，如圆明园中的坐石临流。

曲水流觞

　　兰亭四周浅溪淙淙，幽静雅致。园内"鹅池""曲水流觞""兰亭碑""御碑亭""右军祠"等建筑精巧古朴，是不可多得的园林杰作。鹅池是兰亭的第一个景点。池水清碧，白鹅戏水，诉说着王羲之爱鹅、养鹅、书鹅的传说。池边立石质三角亭"鹅池碑亭"。亭中之碑系清同治年间建，上书"鹅池"二字，相传"鹅"字为王羲之所书，"池"字为王献之所书，父子合璧，成为千古佳话，被人称为"父子碑"。临池十八缸是兰亭的一个参与性景点，由十八缸、习字坪、太字碑组成。景点根据王献之十八缸临池学书，"王羲之点大成太"这一典故而来。相传王献之练了三缸水后就不想练了，认为已经写得很不错，有些骄傲。有一次他写了一些字拿去给父亲看，王羲之看后觉得写得不好，特别是其中的一个"大"字，上紧下松，一撇一捺结构太松，于是随手点了一点，变成了"太"字，说"拿给你母亲去看吧"。王羲之夫人看了后，说："吾儿练了三缸水，唯有一点像羲之。"王献之听后非常惭愧，知道了自己的差距，于是刻苦练习书法，练完了十八缸水，之后也成为著名的书法家，与王羲之并称"二王"。

　　鹅池水至今仍盈盈然清澈见底。流觞亭外，芳草连天，亭前一弯明净曲折的溪水涓涓流淌，溪畔有青石叠垒，一切都显得古朴而悠远。雨点落在水中溅起的丝丝涟漪，模糊了眼前的光景，"曲水流觞，一觞一咏，畅叙幽情，信可乐也……"千年前的那其乐融融的一幕仿佛就在眼前。风拂过竹林，抚动瑟瑟琴弦，空气中都能嗅到清新湿润的兰香，花香和书香交融弥漫。

但愿时光永远停滞，让后来人可以在每一个花之夕、月之夜、雪之晨，可以流觞曲水，可以清韵临风，看闲云淡淡，赏竹影悠悠，听细雨霏霏，嗅兰香点点……

鹅池

三、屈原佩兰

屈原，名平，字原，又名正则，字灵均。他在《离骚》开篇写道："名余曰正则兮，字余曰灵均。"这是一种比喻的手法，"正则"和"灵均"分别是"平"和"原"的引申义。

屈原是楚武王之子屈瑕的后人，为楚国贵族。屈原是一位忠贞爱国的政治家，《史记·屈原列传》记述屈原"为楚怀王左徒"。左徒，是周朝楚国特有的官名"入则与王图议国事，以出号令，出则接遇宾客，应对诸侯"，后人亦以左徒作为屈原的别称。屈原在外交方面主张联合齐国对抗秦国，在内政方面主张改革，即"严明法纪，选贤任能"。这些正确的强国主张，却遭到保守派的反对，因为屈原的主张一旦实现，他们就会失去大权和特殊利益，所以屈原就成了他们的眼中钉，千方百计地想除掉他。这些保守派主要有楚怀王的妃子郑袖，及其儿子令尹（宰相）子兰和上官大夫靳尚，他们都是怀王的亲信，经常在怀王面前说屈原的坏话，打击排挤他。怀王是个昏君，听信了这些小人的谗言，免了屈原的左徒官位，只让他做了一个闲官"三闾大夫"。这些小人还接受秦国的贿赂，主张和秦国亲善友好，破坏楚国和齐国的关系。

政治和社会风气的腐化，导致楚国逐渐衰落。后来，楚怀王受张仪的蒙骗，到秦国与秦王会谈，被囚禁而最终落得客死秦国的凄惨下场。楚怀王的长子顷襄王继位后，继续向秦国屈服，子兰等小人继续攻击主战派屈原，最终屈原被长期流放于沅湘一带。

公元前278年，秦国攻破楚国京剧郢都。屈原忧愤苦闷之极，他来到汨罗江畔（今湖南岳阳附近），颜色憔悴，形容枯槁，遇见渔父，两个人在江边有一番对答，表现了两种不同的处世观点。其中屈原有句名言："举世皆浊我独清，众人皆醉我独醒。"渔父临走前也说了一句名言："沧浪之水清兮，可以濯吾缨；沧浪之水浊兮，可以濯吾足。"屈原视秦国为虎狼，坚决不肯臣服，不愿与其同流合污，爱国情结始终不改，最后抱石自沉于汨罗江中。这一天是农历五月初五，于是楚人每到这一天就会到江边祭奠他，这也是端午节的由来。

《楚辞》收集了战国时代楚国屈原、宋玉等人的诗歌，《楚辞》是屈原创作的一种体裁灵活的诗歌文体，这些诗歌运用楚地的诗歌形式、方言声韵，描写楚地风土人情，具有浓厚的地方色彩，故名"楚辞"，一直流行到汉代。《离骚》是屈原被贬后所作，主要表现了屈原忠贞不屈的爱国精神，品行高洁、不肯同流合污的君子精神。本诗在中国历史上有一定地位，因此诗人也称"骚人"。

"扈江离与辟芷兮，纫秋兰以为佩。"

"余既滋兰之九畹兮，又树蕙之百亩。"

"矫菌桂以纫蕙兮，索胡绳之纚纚。"

"时暧暧其将罢兮，结幽兰而延伫。"

"户服艾以盈要兮，谓幽兰其不可佩。"

"兰芷变而不芳兮，荃蕙化而为茅。"

"余以兰为可恃兮，羌无实而容长。"

"览椒兰其若兹兮，又况揭车与江离。"

——《楚辞·离骚》

浴兰汤兮沐芳，华采衣兮若英。

——《楚辞·九歌·云中君》

绿叶兮素枝，芳菲菲兮袭余。秋兰兮青青，绿叶兮紫茎。

——《楚辞·九歌》

屈原在《楚辞》中第一次使用了香草美人的象征手法，以兰蕙等香草比喻为正人君子，以臭草比喻为奸佞小人。"纫秋兰以为佩"，王逸注：

第四章 颂扬兰花

"兰，香草也。"洪兴祖补注："兰芷之类，古人皆以为佩也。相如赋云：'蕙圃衡兰。'颜师古云：'兰，即今泽兰也。'《本草》注云：'兰草，泽兰，二物同名。'"古时，国兰亦称蕙兰，但是对于蕙与兰的定义常引起争论。像黄庭坚说，"一茎一花为兰，一茎数花为蕙"，兰喜阴，蕙喜阳，认为蕙与兰同属，而李时珍却认为蕙为别种。

屈原不仅歌颂兰花，还十分喜爱兰花，并借兰花表达他追求高洁的志向。他曾种植上百亩的兰蕙，将兰花结成串，佩带在身上；用兰花沐浴；骑马行路也要靠近有兰花的地方；饮兰叶的露珠；流放远方思念君王和衰落中的国家而痛哭时，用蕙兰拭擦眼泪；等等。当秦国攻破楚国京城后，他投江而亡。这种忠贞不屈以及追求高洁的精神，不正是兰花精神的体现吗？

中国的道教认为，有物即有神，有形即有神。作为万物之精华的花木，当然就有司花之神——花神。清代以来，中国民间就有花神的传说，说的是百花都有各自花神，主管花的开放，还是百花的保护神。古人浪漫风雅，生出许多趣闻雅事，以十二月令的代表花和掌管十二月令的花神的传说最让人神往。其中，屈原是主管一月份兰花开放的"兰花神"。他亲手在家"滋兰九畹，树蕙百亩"，把爱国热情寄托于兰花，并赞兰花"幽而有芳"，且常身佩兰花，故后人把兰花视为"花中君子"和"国香"，把兰花作为高尚气节和纯真友谊的象征。

四、燕姞梦兰

在中国的典籍中，最早谈及兰的文献是《左传》，里面有一个"梦兰生兰"的故事，说的是春秋时期郑国的国君郑穆公，他的一生，因兰而生，因兰而死。《左传·宣公三年》记：

初，郑文公有贱妾曰燕姞，梦天使与己兰，曰："余为伯鯈。余，而祖也。以是为而子。以兰有国香，人服媚之如是。"既而文公见之，与之兰而御之。辞曰："妾不才，幸而有子，将不信，敢征兰乎？"公曰："诺！"生穆公，名之曰兰。

这段话的大意是：郑文公有一个妾名叫燕姞。燕姞是南燕之女，南燕为姞姓，伯鯈是南燕之祖，姞姓是黄帝之子得姓十二人之一。有一天燕姞做梦梦见天使给她一支兰花，并说："我是伯鯈，是你的祖先，把它作为你的儿子。由于兰花有王者之香，佩戴着它，别人就会像爱它一样爱你。"早晨醒来，燕姞认为这是一个吉兆。她便刻意将自己打扮一番，并佩戴了一朵兰花。果然，她身上的兰花引起了郑文公的注意。晚上，文公便召见燕姞侍寝。郑文公为了表示恩宠，看到燕姞喜欢兰花，便赐给她一盆兰花，不久燕姞便发现自己怀柔了。燕姞告诉文公说："妾的地位低贱，侥幸怀了孩子，如果别人不相信，敢请把兰花用来征信。"文公说："好！"后来燕姞生了一个男孩，取名为兰，就是郑穆公。这就是成语"吉梦征兰"的典故。吉梦征兰泛指妇女身怀有孕将生佳儿的吉兆。

据《左传》记载，后来郑文公的几个妾室，共生了5个儿子。但他残虐无道，设计毒杀儿子，只有公子兰逃出郑国，奔晋。不久即"从晋文公伐郑"，郑国危急，盟誓立公子兰为太子，晋兵才退去。郑文公死后，公子兰成为郑国国君，即郑穆公，时年22岁。

在中国漫长的历史上，先后有数百位皇帝乱哄哄地"你方唱罢我登场"。三皇五帝因为其德操而被拥戴，秦始皇靠百万铁甲坐稳江山，草民出身的汉高祖集众人的智慧和力量夺得天下……却从来没有一个皇帝像穆公一样，因为一株兰花而坐拥天下。可见，"燕姞梦兰"是一种瑞兆。又过了22年，穆公有病了，他说："兰花死了，我恐怕也要死了吧！我是靠它出生的。"兰花被人割掉以后，穆公果然也死了！《左传》云："刈兰而卒。"

五、兰芝殉情

无独有偶，我国文学史上第一部长篇叙事诗《孔雀东南飞》讲述了东汉献帝年间，刘兰芝与焦仲卿誓死不负的凄美爱情故事。"兰芝"即"芝兰""芷兰"，也就是兰花。刘兰芝、焦仲卿结婚以后，一个"守节情不移"，一个"幸复得此妇"，焦母从中作梗，非要把兰芝"遣去慎莫留"，仲卿无法改变母亲，只得劝兰芝"卿但暂还家"。但兰芝心里清楚地知道"我有亲父兄，性行暴如雷。恐不任我意，逆以煎我怀"。果然，其兄逼其改嫁，在再婚之夜，兰芝"举身赴清池"。在刘兰芝投河自尽前，焦仲卿有了不祥的预感，他对其母亲说：

今日大风寒，寒风摧树木，严霜结庭兰。

严霜笼罩，煎逼庭兰，意味着主人公的生命悲剧即将发生。当焦母知道焦仲卿"故作不良计"后，恳求儿子"慎勿为妇死"。仲卿"自挂东南枝"也是对封建家长制的致命一击。

第四章 颂扬兰花

六、兰菊丛生

《晋书·文苑传》中记载了"罗含还家，阶庭忽兰菊丛生"的故事，似乎幽兰通晓人性，可以为有德人显兆灵异。罗含，字君章，从小是个孤儿，由叔母朱氏所养。《罗含传》曰："含少时昼卧，忽梦一鸟，文色异常，飞来入口，含因惊起。心胸间如吞物，意甚怪之。叔母谓曰：'鸟有文章，汝后必有文章。此吉祥也。'含于是才藻日新。"

罗含年轻时博学能文，不慕荣利。荆州刺史三次召他为官，均辞而不就。后杨羡任荆州将，慕其才学，引荐他为新淦主簿，再三推辞不允才就任。不久，调任郡功曹敕史。东晋咸和九年（334年），荆州刺史庾亮荐引罗含为江夏从事，江夏太守谢尚夸奖罗含"湘中之琳琅"（琳琅指精美的玉石），更有后人评价其为"东晋第一才子"。未几，升任荆州主簿。征西大将军桓温到荆州后，任罗含为征西参军，后转任荆州别驾。为避喧闹，含于城西小洲上建茅屋数椽，伐木为床，编苇作席，布衣素食，安然自得。桓温称含为"江左之秀"。含写得一手好文章，被朝廷征召为尚书郎。桓温重含才，喜含德，上表调任含为征西户曹参军，升宜都太守。永和十二年（356年），桓温封南郡公，任含为郎中令。不久，朝廷又召含入都为正员郎，升散骑常侍、侍中、廷尉，转调长沙相。含年老辞官归里，朝廷加封为中散大夫。当初，罗含的官舍，曾有一白雀栖集堂宇，等到他辞职还家时，阶庭上忽然兰菊丛生，芳香远播，馥郁满室。人们认为兰有灵性，兰菊异质而齐芳，为硕德人之瑞兆，是罗含一生高尚的德行感动了兰菊的缘故。

七、陶潜如兰

陶渊明，又名潜，字元亮，我国第一位田园诗人。曾祖父陶侃，是东晋开国元勋，军功显著，官至大司马。祖父陶茂、父亲陶逸都做过太守。年幼时，家庭衰微，九岁丧父，为了生存，陶渊明陆续做过一些地位不高的官职，过着时隐时仕的生活。陶渊明最后一次做官，是义熙元年（405年）。那一年，已过"不惑之年"（四十一岁）的陶渊明在朋友的劝说下，再次出任彭泽县令。有一次，县里派督邮来了解情况。有人告诉陶渊明，那是上面派下来的人，应当穿戴整齐、恭恭敬敬地去迎接。陶渊明听后长长叹了一口气："我不愿为了小小县令的五斗薪俸，就低声下气去向这些家伙献殷勤。"说完，就辞掉官职，回家去了。陶渊明当彭泽县令不过八十多天。他这次弃职而去，便永远脱离了官场。陶渊明因"不为五斗米折腰"，而获得了心灵的自由，获得了人格的尊严，写出了流传百世的诗文。在为后人留下宝贵文学财富的同时，也留下了弥足珍贵的精神财富。他因"不为五斗米折腰"的高风亮节，成为后来历代有志之士的楷模。此后，他一面读书为文，一面参加农业劳动，过着"躬耕自资"的生活。

"少无适俗韵，性本爱丘山。误落尘网中，一去三十年。羁鸟恋旧林，池鱼思故渊。"尊重自己的个性，选择自己钟情的生活方式，是大智慧，大境界。人生苦短，何必为了名利摧眉折腰，活得不像自己呢？封建时代的黑暗，使得无数文人"折腰"改变了自己，偏偏瘦弱的他挺直了脊梁。

如果为官做宰不能匡扶社稷，拯救苍生，起码可以独善其身选择自己的生活方式。在官场边缘徘徊了十三年之后，他选择做一个农民。他在乡村活得很有乐趣，"方宅十余亩，草屋八九间。榆柳荫后檐，桃李罗堂前"。他家门前种了五棵柳树，于是自称五柳先生。

在那春风吹拂的季节，柳丝缭绕，"种豆南山下，草盛豆苗稀。晨兴理荒秽，带月荷锄归"。他早上出去种地，晚上披着月光回来，已是一个标准的农民。其实他的感情生活是不平坦的，第一位妻子难产而死，第二位妻子在中年早亡，幸好第三位妻子翟氏默默陪伴他到老。"夫耕于前，妻锄于后"。在一天天平淡如水的日子里，他与妻子翟氏夫唱妇随，春种秋收，其乐融融。

在那些日子里，酒是他的朋友，"白日掩柴扉，对酒绝尘想。时复墟里人，披草共往来。相见无杂言，但道桑麻长"，这首诗让我们读到一份浓厚的草根情结，他与乡亲们相处融洽，与他们一起种地，聊天，喝酒……

就这样每天日出而作，日落而息，"暖暖远人村，依依墟里烟。狗吠深巷中，鸡鸣桑树颠"，这样的悠闲宁静中，连阳光下的尘埃都是纯净的。而他，守着这样一片田园，自给自足，闲暇写诗，秋来赏菊，红尘最深处的艰辛生活，他亦能过得如鱼得水。

"结庐在人境，而无车马喧。问君何能尔，心远地自偏。采菊东篱下，悠然见南山。"可见，陶渊明独爱菊。陶潜归隐后，除菊花外，亦深爱兰花，曾作《幽兰》：

幽兰生庭前，含蓄待清风。清风脱然至，见别萧艾中。

兰花幽幽生长在正屋前的庭院中，内蕴着芳香之气等待清风的吹拂。清风轻

109

轻吹来，兰花散发出阵阵芳香，立刻就可以从萧艾等杂草中分辨出来。陶渊明63年如兰的一生，正如孔子所言，"气若兰兮长不改，心若兰兮终不移"。

苏东坡一生把陶渊明当成良师益友，不但喜爱其诗，更仰慕他的为人。他曾这样评价陶渊明："欲仕则仕，不以求之为嫌；欲隐则隐，不以去之为高。饥则扣门而乞食，饱则鸡黍以迎客。古今贤之，贵其真也。"

八、采兰赠药

在我国最早的一部诗歌总集《诗经》中有一首生动而美丽的兰诗，这就是《国风·郑风·溱洧》。按照古时郑国的风俗，每年上巳节，要在溱、洧两河边上举行盛大集会，人们从四面八方来此游玩。相传三月初三是黄帝的诞辰，中原地区自古有"二月二，龙抬头；三月三，生轩辕"的说法。魏晋以后，上巳节改为三月初三，后代沿袭，遂成水边饮宴、郊外游春的节日。这首诗就写出了一对男女青年相约去河边戏玩的情境。全诗共分为两章：

原文：

溱与洧，方涣涣兮。士与女，方秉蕳兮。女曰观乎？士曰既且，且往观乎？洧之外，洵订且乐。维士与女，伊其相谑，赠之以勺药。

溱与洧，浏其清矣。士与女，殷其盈矣。女曰观乎？士曰既且，且往观乎？洧之外，洵訏且乐。维士与女，伊其将谑，赠之以勺药。

注释：

① 溱（zhēn）、洧（wěi）：中原古代郑国境内两条有名的河流，现名双洎（jì）河。

② 蕳（jiān）：兰。古字同。《毛传》："蕳，兰也。"古人所谓兰是一种香草，属菊科，和今之兰花不同，学名为"佩兰"，多年生草本，高40～100厘米，又名大泽兰、水泽兰、鸡骨香、香草、水香，江南人以之为香祖，以全草入药，有解热清暑、化湿健胃、止呕的作用。分布于河北、山东、江苏、广东、广西、四川、贵州、云南、浙江、福建等省区。

译文：

溱水、洧水向东方，三月春水正上涨。小伙姑娘来春游，手握兰草求吉祥。姑娘说道看看去，小伙回说已经逛，再去看看又何妨？瞧那洧水河滩外，实在宽大又舒畅。小伙姑娘来春游，尽情嬉笑喜洋洋，男赠芍药情意长。

溱水洧水向东方，三月春水多清凉。小伙姑娘来春游，熙熙攘攘满河傍。

姑娘说道看看去，小伙回说已经逛，再去看看又何妨？瞧那洧水河滩外，实在宽大又舒畅。小伙姑娘来春游，尽情嬉笑喜洋洋，男赠芍药情意长。

全诗轻松快乐，一束兰花把男女青年的情意联结了起来。成语"采兰赠药"就源出于此，比喻男女互赠礼物，表示相爱。

借花传情，古今中外皆然。赠花是一种社交礼节，也是一门艺术，对于每种花卉的语言和数量所代表的意义，各国有其独特的偏好与禁忌。在世界各地的花语中，和兰花有关的花语有：

（1）纯白色蝴蝶兰——幸福、纯洁、吉祥、长久。

（2）白花红唇蝴蝶兰——彼此有龃龉而难以达到和谐一致。

（3）白色或红色卡特兰——敬爱、善意、倾慕、真心。

（4）黄色卡特兰——逢场作戏的感情。

（5）黄色文心兰——乐不思蜀。

（6）树兰——平凡而清雅。

（7）秋石斛——欢迎。

（8）拖鞋兰——深思熟虑。

……

在西方，因花姿似蝴蝶飞舞而得名的蝴蝶兰，其植物学拉丁文名含有"像飞蛾"的意思，植物学家在100多年前发现它时，见其状如毒蛾而取名为飞蛾兰，并误认为是含有剧毒的植物，致使一般人将之视为"魔鬼的化身"。然而花姿轻盈高雅的蝴蝶兰很快被人们赏识，被视为下凡仙女，给予"兰花之后"的美称，成为群芳谱中的新宠。现在许多国家喜欢以纯白、圆润的蝴蝶兰作为新娘花，象征新人的纯洁、幸福、快乐，亦含有祝福婚姻吉祥、长久之意。在一些国家或地区，若送白花红唇蝴蝶兰给对方，则有"彼此有龃龉而难以达到和谐一致"的喻义。

雍容艳丽的卡特兰，拥有"兰花之王"的响亮名声。白色或红色的卡特兰亦是新郎送给新娘的胸花，它象征着敬爱、善意、倾慕、真心、浪漫和好运，平时用来送给女性，可以表达对她的风韵感到"惊羡"和"倾慕"，或者"真心"及"喜悦"。黄色的卡特兰则代表"逢场作戏的感情"，不可轻易送人。

九、琴曲弦兰

蔡邕（133—192），字伯喈，东汉时期著名文学家、书法家，才女蔡文

姬之父。蔡邕除了通经史、善辞赋之外，亦精于书法，擅篆书、隶书，尤以隶书造诣最深，有"蔡邕书骨气洞达，爽爽有神力"的评价。

蔡邕精通音律，才华横溢，师从东汉著名学者胡广。胡广博学多闻，史称其"学究五经，古今术艺毕览之"。蔡邕在吴地（今江浙一带）时，曾听到一块桐木在火中爆裂的声音，知道这是一块好木材，因此把它拣出来做成琴，音色非常美妙，因琴尾尚留有焦痕，所以当时人们叫它焦尾琴。起初，蔡邕住在陈留，有个邻居准备了酒菜请他来赴宴，他去的时候邻居已经喝得兴起了。坐上有个客人在屏风后面弹琴，蔡邕到了邻居门口悄悄一听，说："啊！用音乐招我来却藏有杀心，怎么回事？"于是回去了。请他的人告诉主人说："蔡先生刚来，到门口又走了。"蔡邕向来被乡里人尊崇，主人赶紧追赶并问起原因，蔡邕把事情都告诉了他，大家都感到扫兴。弹琴的客人说："我刚才弹琴的时候，看见一只螳螂正要扑向鸣蝉，蝉将飞走还没有飞走，螳螂的动作一前一后。我心里有些担心，唯恐螳螂丧失了机会，这难道就是所谓的杀心流露到音乐中来了吗？"

蔡邕编纂的中国古代琴曲专著《琴操》共记述了47个琴曲故事，其中的"十二操"中有一首《猗兰操》（猗：叹词，表示赞美），现录如下：

《猗兰操》者，孔子所作也。孔子历聘诸侯，诸侯莫能任。自卫反鲁，过隐谷之中，见芗兰独茂，喟然叹曰："夫兰为王者香，今乃独茂；与众草为伍，譬犹贤者不逢时，与鄙夫为伦也。"乃止车援琴鼓之云："习习谷风，以阴以雨；之子于归，远送于野。何彼苍天，不得其所。逍遥九州，无所定处。世人暗蔽，不知贤者。年纪逝迈，一身将老。"自伤不逢时，托辞于芗兰云。

这首古琴曲《猗兰操》又称《幽兰操》，琴曲似诉似泣，如怨如愤，把孔子当时的内心世界抒发得淋漓尽致。这是一首优美的兰诗，也是一首幽怨悱恻的抒情曲。孔子一生看似被权贵所弃，但在其思想深处，有一种"兰生幽谷，不以无人而不芳"的自信与豁达，而这份自信，源于其坚信他所传承的是"祖宗珍视而为后世子孙所需要"的思想之香！

古诗《猗兰操》，是精擅琴艺的孔圣人自感生不逢时的绝世作品。唐代著名诗人韩愈曾作同名作品，以唱和孔子。原文如下：

兰之猗猗，扬扬其香。不采而佩，于兰何伤。今天之旋，其曷为然。我行四方，以日以年。雪霜贸贸，荠麦之茂。子如不伤，我不尔觐。荠麦之茂，荞麦有之。君子之伤，君子之守。

兰花的叶子，长长的，在风中摇曳，优雅而飘逸；兰香，在风中升腾，向四方飘扬。兰是香中之王，如果没有人认识到而不去采摘佩戴它，对兰花而言，又有什么妨害呢。今日的变故，并非我的过错。我常年行走四方，看到隆冬严寒时，荞麦却正茂盛地生长，既然荞麦能无畏寒冬，那么不利的环境对我又有什么影响呢？荞麦在寒冬生长茂盛的特性，是它所特有的；君子在世间所遇到的困难，也是他可以克服的。一个君子是能处于不利的环境而保持他的志向和德行操守的。

1996年第6届全国兰博会时，还诞生了《兰花之歌》，歌词为：

"大地花卉千千万，我爱兰花万万千。娟娟春兰香正好，婷婷夏蕙亦清香。多姿多彩秋兰美，报岁墨兰芳名扬。幽幽兰花飘四海，深深兰谊五洲传。千歌万曲颂兰德，天南地北结兰缘。兰花，秀丽之花。兰花，高洁之花。我爱兰花万万千。"

寥寥数语，把兰花的品种、秀丽、高洁、韵味写得淋漓尽致，把人们的爱兰之情抒发了出来。

2010年1月22日，由胡玫导演，周润发、周迅领衔主演的史诗巨片《孔子》在全球上映。影片《孔子》的主题曲由歌手王菲演唱，名为《幽兰操》。王菲的嗓音纯净、空灵，听着王菲婉转吟唱的《幽兰操》，空气中仿佛飘荡着一抹淡淡的兰香。《幽兰操》的歌词改自韩愈的《猗兰操》，歌词如下：

兰之猗猗①，扬扬②其香。众香拱之③，幽幽其芳④。不采而佩，于兰何伤？以日以年，我行四方。文王梦熊⑤，渭水泱泱。采而佩之，奕奕清芳。雪霜茂茂，蕾蕾于冬，君子之守，子孙之昌。

注释：

①猗猗：长得美好的样子，形容兰的叶姿优雅绰约。

②扬扬：高举，往上升腾。

③拱之：孔子有"为政以德，譬如北辰，居其所而众星拱之"之语，拱是环绕义。

④此处比喻兰香为众香之王，所有的花香都拱而奉之。

⑤文王梦熊：原指周文王梦飞熊而得太公姜尚。后比喻圣主得贤臣的征兆。源自典故"飞熊入梦"。商朝末年，周文王姬昌急需一个能文能武的

人来辅佐他。一天，他做了一个梦，梦见一头生有双翅的异兽飞进自己的怀中。第二天他叫人占卜，预示其可找到这个人，于是带领人马到渭水边找到了直钩钓鱼的姜尚（也就是姜子牙），恰巧姜尚自号飞熊。周文王梦见飞熊扑入帐中，遂在渭水边访得姜子牙。此典故在儒家文化中，一直是"王者求贤，贤遇明主"的理想典范。

这首歌词分为上、中、下三阕。上阕，中心是兰香是王者之香。中阕，中心是兰只为王者而香。周文王夜梦飞熊入帐，渭水之畔访遇太公望（姜子牙，因周文王有"兴周之业，先祖早寄希望于太公也"之说，故名太公望），从而奠定周朝八百年基业，这是多么让人向往的啊。兰一旦被王者采摘佩戴，定会让其清雅的芬芳和其间蕴含的思想如日月般光耀。孔子是主张要积极寻求实现自身的社会价值机会的，儒家有"入世"之说，在他看来，姜子牙"渭水之畔，直钩而钓，愿者上钩"，就是一种积极地寻求；兰花虽隐幽谷中，但其香扬扬奕奕，也是一种积极地寻求。孔子主张如遇"王者采而佩之"，就要毫无保留地奉献自己的才华"奕奕清芳"。下阕，中心是兰历苦寒而成其香。

十、香袭衣裙

张岱（1597—1689）又名维城，字宗子，号陶庵，浙江山阴（今浙江绍兴）人。明末清初文学家，出身仕宦世家，少为富贵公子，精于茶艺鉴赏，爱繁华，好山水，晓音乐、戏曲，明亡后不仕，入山著书以终。《陶庵梦忆》是其代表作，书中多有明末绍兴人文风俗之事，《范与兰》就是其中的一篇。文中写到其好友范与兰酷爱兰花，种兰自年轻时起直到七十有三的高龄，未有一天中断、一时懈怠。

原文如下：

范与兰七十有三，好琴，喜种兰及盆池小景。建兰三十余缸，大如簸箕。早舁而入，夜舁而出者，夏也；早舁而出，夜舁而入者，冬也；长年辛苦，不减农事。花时，香出里外，客至坐一时，香袭衣裙，三五日不散。余至花期至其家，坐卧不去，香气酷烈，逆鼻不敢嗅，第开口吞欱之，如流瀣焉。

花谢，粪之满箕，余不忍弃，与与兰谋曰："有面可煎，有蜜可浸，有火可焙，奈何不食之也？"与兰首肯余言。

译文：

范与兰，七十三岁，喜欢弹琴，也喜欢种兰花和小盆景。种有建兰三十多缸，都像簸箕那么大。夏天的时候，早晨抬进来，夜晚抬出去；冬天的时候，早晨抬出去，夜晚抬进来的，年年如此，从不偷懒。建兰开花的时候，芳香飘出一里之外，客人来坐一会儿，兰香熏在衣服上，过了三五天依然不散。我于开花季节到他家，坐、卧都不愿离开，由于香气太浓烈，以致鼻子都不敢闻，如果开口呼吸，如饮水汽般。

花谢了，扫起来的花瓣满满一簸箕，像粪土一样被丢弃。我不忍心丢弃，与范与兰商量："落花可以用面煎，用蜂蜜浸，用火焙干，为啥不吃了它呢？"范与兰很是赞同我的建议。

十一、芳兰生门

时州后部司马蜀郡张裕亦晓占候，而天才过群。谏先主（指刘备）曰："不可争汉中，军必不利。"先主竟不用裕言，果得地而不得民也。

裕又私语人曰："岁在庚子，天下当易代，刘氏祚尽矣。主公得益州，九年之后，寅卯之间当失之。"

先主常衔其不逊，加忿其漏言，乃显裕谏争汉中不验，下狱，将诛之。诸葛亮表请其罪，先主答曰："芳兰生门，不得不锄。"裕遂弃市。

——《三国志·蜀志·周群传》

周群，字仲直，善占候之学。张裕，字南和，才学还在周群之上。张裕曾劝谏刘备说，不可与曹操争夺汉中，用兵必然会不利。刘备不听，结果占领了汉中，却得不到那里的民心。

张裕还私下对人说过两件事情。一是，在庚子年时，即公元220年，天下将改朝换代；（果然，这一年曹丕登基称帝，汉朝正式灭亡。）二是，主公刘备得益州九年之后会失之。（这是在说"荆州"之事。刘备在公元210年左右领荆州牧，关羽在公元219年败走麦城，失荆州。孙权杀关羽之后，又让刘璋做了名义上的益州牧。）

这些话被人传到刘备耳中。刘备心中记恨张裕过往言行不谦逊，不谨慎，而且屡次"泄露天机"。便找借口将其下狱，要杀他。诸葛亮上表替他请求免罪，刘备回答说："即使是芳兰，生长在门口，妨碍进出行走，也不得不锄去。"遂斩于市。

刘备杀张裕，在《三国演义》中没有关于这件事的记载。刘备的负面信息被罗贯中隐去了。巧得很，明代陈耀文《天中记》卷五十三引《典略》恰

115

恰将此语安在曹操身上："曹操杀杨修曰，芳兰当门，不得不除。"这显然与正史相谬。

后来，人们皆用"芳兰生门"来表明"人纵有才能，若其举止逾越常规，有碍他人，亦不被赦免，而遭清除"的意思。

十二、谢庭兰玉

唐代诗人刘禹锡有一首诗《乌衣巷》："朱雀桥边野草花，乌衣巷口夕阳斜。旧时王谢堂前燕，飞入寻常百姓家。"诗中的"王谢"是指东晋时期的两个豪门望族王家和谢家，这两个家族都居住在乌衣巷（位于今南京市）。王家的代表人物是王导，官居丞相；谢家的代表人物是谢安。

谢安，字安石，仪态潇洒，聪明睿智，丞相王导很看重他。朝廷多次召他做官，但没过多久他就称病辞职，隐居在会稽东山（今绍兴市）。东晋时期的朝政一直不稳，国运不济。谢安四十多岁的时候，大将军桓温请他出任司马，他不肯。有人劝他说："安石不出，将如苍生何。"谢安感到惭愧，终于出山了。成语"东山再起"就由此而来。

我国最早的一部文言志人小说集《世说新语》，是魏晋南北朝时期笔记小说的代表作，主要记载东汉后期到晋宋间一些名士的言行轶事。其中就有记载谢安的一段文字：

谢太傅问诸子侄曰："子弟何预人事，而政欲使其佳？"诸人莫有言者，车骑答曰："譬如芝兰玉树，欲使其生於庭阶耳。"

有一天谢安（谢安去世后，朝廷追封其为太傅，所以文中称其谢太傅，以示尊重）训诫家族中各位子侄说："小子们都想要参与大人之事，好好想想要怎样才能办得好？"因为有些事很敏感，不能明说，谢安在话中隐含的意思是，你们都存有觊觎晋室权力的心思吗？要怎么做才合适呢？众人面面相觑，没有人能回答。这时谢安的子侄谢玄（谢玄去世后，朝廷追封其为车骑将军，所以文中称其为车骑）站出来说："譬如芝兰玉树，欲使其生于庭阶耳。"谢玄的这个回答也比较隐晦，表面意思是芝兰玉树在庭院堂前生长盛开，供主人欣赏。实际是说应像芝兰一样，不争权势，不求非分，而且还要为国分忧，报效朝廷。这个回答让谢安很满意，他对谢玄很看重。

"芝兰玉树"为谢玄少时所说，一句话留下千古传奇。后人用"芝兰玉树"来比喻德才兼备有出息的子弟。后遂用"谢庭兰玉"比喻能光耀门庭的子侄。宋曾巩《庭桧呈蒋颖叔》诗："汉节从来纵真赏，谢庭兰玉载芳音。"亦省称"谢兰"。

十三、谢兰燕桂

谢兰，系"谢庭兰玉"之省称；燕桂，《宋史·窦仪传》载："仪学问优博，风度峻整。弟俨、侃、偁、僖，皆相继登科。冯道与禹钧（窦仪父）有旧，尝赠诗，有'灵椿一株老，丹桂五枝芳'之句，缙绅多讽诵之。"时称窦氏兄弟为燕山五龙。

南朝宋时期，窦仪学问优博，风度峻整。他的兄弟俨、侃、偁、僖都相继榜上有名。当朝太师冯道与窦仪的父亲窦禹钧关系要好，为他赋诗云："燕山窦十郎，教子有义方。灵椿一株老，丹桂五枝芳。"灵椿，古代传说中的长寿之树。窦禹钧本人八十二岁高寿，无疾而终，当时人们羡慕地称赞他的五个儿子为"燕山五龙"或"谢兰燕桂"，比喻能光耀门庭的子侄辈。

《三字经》也以"窦燕山，有义方，教五子，名俱扬"的句子，歌颂此事；又逐渐演化为"五子登科"的吉祥图案，寄托了一般人家期望子弟都能像窦家五子那样联袂获取功名。窦燕山即窦禹钧，因他居住在燕山（今北京），故称窦燕山。

十四、会叔育兰

马大同，色碧，壮者十二萼，花头肥大，瓣绿片多红晕，其叶高耸，干仅半之。一名朱抚，或曰翠微，又曰五晕丝，叶散端直冠他种。

——《王氏兰谱》

马大同，字会叔，号鹤山先生，严州建德人。宋高宗绍兴二十四年（1154年）中进士，后来官居户部侍郎。建德现隶属于浙江省杭州市，建德境域水系属钱塘江流域，有新安江及其支流寿昌江、河兰江、富春江4条较大河流。马大同的家乡就在风景优美的富春江地区，这里动植物资源丰富，花卉品种繁多，尤其盛产兰蕙。兰花是高洁、典雅、坚贞、顽强的精神象征。马大同自幼在兰蕙芬芳的环境中长大，兰花的品质对他有很深的影响。据清光绪《严州府志》记载，马大同为官时以刚强正直闻名，高宗皇帝曾对宰相说，召马大同奏对时，"朕与之辩论，其超然不凡，气节可嘉"。

马大同退休后，回归故里，以培育兰花为乐，以兰流芳后世。以他的名字命名的兰花，花色碧绿，花头肥大，花瓣中多伴有红晕，花萼多为12片，叶高丛，枝干短。这种兰花还有多个别名，如"朱抚""翠微""五晕丝"等，但均不及"马大同"一称响亮。

十五、时庚痴兰

予先大夫朝议郎自南康解印还，卜里居，筑茅引泉植竹，因以为亭，会宴乎其间。得郡侯博士伯成，名曰"箟筜世界"，又以其东架数椽，自号"赵翁书院"。回峰转向，依山叠石，尽植花木，丛杂其间。繁阴之地，环列兰花，掩映左右，以为游憩养疴之地。于时尚少，日在其中，每见其花好之。艳丽之状，清香之复（xiòng），目不能舍，手不能释，即询其名，默而识之，是以酷爱之心，殆几成癖。粤自嘉定改元以后，又采数品，高出于向时所植者。予嘉而求之，故尽得其花之容质，无失封培爱养之法而品第之。殆今三十年矣，而未尝与达者道。暇日有朋友过予，会诗酒琴瑟之后，倏然而问之。予则曰："有是哉！"即缕缕为之详言。友曰："吁！亦开发后觉一端也！岂予一身可得而私有，何不与诸人以广其传？"予不得辞，因列为三卷，名曰《金漳兰谱》。欲以续前人牡丹、荔枝谱之意余，以是编。绍定癸巳六月良日，澹斋赵时庚谨书。

译文：

赵时庚的祖父官至朝议郎，辞官后，从南康（今江西赣州）返回故里福建，搭建房屋，开渠引泉，种植竹林，修建凉亭，郡侯博士伯成为其命名"箟筜（yún dāng）世界"。后来赵时庚的祖父又向东扩建了数间房屋，取名"赵翁书院"。庭院依山而建，幽静清凉；院里栽植了各种花草树木，繁茂茁壮，景色宜人。赵时庚小的时候，天天在院中嬉戏玩耍，于百花中独爱一种花。这种花的色泽艳丽，清香扑鼻，他每每看到，都目不转睛看上好长时间，迟迟不愿离开。因为年纪尚小，他还不能辨别花的品种，问过家人才知道这种花就是兰花。他对兰花的喜爱程度几乎到了痴迷的状态。种花、养花、赏花，乐在其中。如遇到新奇的品种，一定要购买回来，精心栽种，仔细研究它的花色、品目及培育方法。

在赵时庚的精心培育下，"赵翁书院"里的兰花种类众多，花色各异，茎叶繁茂，很是壮观。而他对于养兰、赏兰、鉴兰更是多有心得，却苦于无处切磋。一天，一位友人来访，赵时庚设宴款待，与之吟诗作对，饮酒抚琴，好不畅快。酒足饭饱后，二人在院中喝茶赏花，朋友偶然问起关于兰花的品目、培育技巧。赵时庚如获知音，便娓娓道来，他的表述条目清晰、翔实有用。朋友感叹道："好东西怎能你一人独有，应与人分享，并要广泛传播，惠及天下。"赵时庚听了，十分赞同，于是潜心写书，书定稿于绍定六年六月（1233年），编为三卷，取名《金漳兰谱》，以续前人《牡丹谱》《荔枝谱》。

赵时庚为南宋人，他著述了世界上第一部兰花专著《金漳兰谱》，介绍了闽西、闽南等地出产的三十多个兰花品种，以及兰花的品评、种养和灌溉等方面的知识与经验，因此赵时庚被后人称为兰花界的鼻祖。

十六、赵氏一门

赵孟頫，字子昂，号松雪道人，浙江吴兴（今浙江湖州）人，宋太祖赵匡胤十一世孙，秦王赵德芳之后，著名书法家、画家、诗人，以宋室后人出仕元朝，深受元世祖（忽必烈）的赏识和器重。明人王世贞曾说："文人画起自东坡，至松雪敞开大门。"这句话基本上客观地道出了赵孟頫在中国绘画史上的地位。赵孟頫的小楷与唐代的欧阳询（欧体）、颜真卿（颜体）、柳公权（柳体）并称为"楷书四大家"。楷书是汉字书法中常见的一种字体，由于其字形较为正方，笔画平直，可作楷模，故名"楷书"。楷书始于东汉，至今仍是现代汉字手写体的参考标准，现今的钢笔字也是由它发展而来的。11岁那年，赵孟頫做了一个怪梦。他梦见自己学会了飞翔，向着太阳不停地扇动翅膀，就在快要达到的时候，突然被一股莫名的力量拽到了旁边的一颗星球，重重地摔出了一个大坑。1987年，国际天文学会将水星上的一座环形山，命名为"赵孟頫"，以纪念他对人类文化史的贡献。

赵孟頫的自画像石刻

赵孟𫖯自画像线条优美，形象逼真，神情洒脱。著名画家孙克弘在画像旁题跋："此赵松雪自为临写镜容，并玉图刻贮一银盒内，闻于吴兴故居中得之。其秀颖奇特，足令观者解颐，宜期翰墨之妙，绝天下也。"画像头戴笠子，身穿右衽大布袍，微胖，有学士风度。

竹石幽兰图　元　赵孟𫖯

观此幅《竹石幽兰图》，给人的感觉是绘画飘逸如风，笔墨挥洒自如，构图结构恰当，以自由抒卷的笔调表达了一种奔放而飘逸的情感。作品用飞白勾画窠石轮廓，用撇捺笔画书写竹叶，用中锋逆笔迅疾书写兰花。正如赵孟𫖯所言："石如飞白木如籀，写竹还需八法通。若也有人能会此，方知书画本来同。"

赵孟坚，字子固，号彝斋居士，南宋画家。为宋太祖十一世孙，赵孟𫖯宗兄，精诗善文，擅长画梅、兰、竹、石，是南宋末年兼具贵族、士大夫、文人三重身份的著名画家。画法上学扬无咎（一说杨无咎），汤正仲一派，用笔劲利流畅，微染淡墨，风格秀雅。赵孟坚的首创墨兰（用墨写兰）笔调劲利而舒卷，清爽而秀雅。

墨兰图　南宋　赵孟坚

此画款署"彝斋赵子固仍赋"，钤"子固写生"一印。墨兰是赵孟坚善画的题材。《墨兰图》画兰两丛，叶、花淡墨一笔点划，有柔脆婀娜的姿态，流利俊爽，呈放射状的长叶参差错落，分合交叉，俯仰伸展。自题诗曰：

六月衡湘暑气蒸，幽香一喷冰人清。曾将移入浙西种，一岁才华一两茎。

诗中表露了作者孤高脱俗的思想境界。图中运笔柔中带刚，兰叶皆用淡墨，花蕊墨色微浓，变化含蓄，形成墨色对比，土坡用飞白笔轻拂，略加点苔。画虽为水墨，但格调高雅，远胜着色。

赵雍，字仲穆，是赵孟頫的儿子。他也擅长画画，尤其擅长画兰、竹、石。俗话说，"虎父无犬子"，赵雍的书法、文学造诣都可圈可点。

著色兰竹图　元　赵雍

赵仲穆者，子昂学士之子，宋秀王之后也。能作兰木竹石，有道士张雨提其《墨兰》诗曰："滋兰九畹空多种，何似墨池三两花。近日国香零落尽，王孙芳草遍天涯。"仲穆见而愧之，遂不作兰。

——《山堂肆考》卷一六六

文中的张雨是元代著名的文人。他出生在人杰地灵的浙江，文章、书法、绘画样样精通，后出家为道士，道号"贞居子"，他曾拜赵孟頫为师，所以与赵雍相识。两人经常在一起切磋画艺书法，互相指点。有一次，赵雍拿出一幅自己刚刚完成的得意之作《墨兰》，让张雨点评。张雨看后，默不作声，只是提笔在画上写了一首诗："滋兰九畹空多种，何似墨池三两花。近日国香零落尽，王孙芳草遍天涯。"

赵雍看了这几句诗，倍感羞愧，因为他知道，这是张雨在暗讥他们父子。兰花是王者之香，代表着高贵的气节，所以屈原种植了大片的兰花以明志。而他以一个宋朝皇族的身份，忘记家破国亡之恨，却甘愿在外族统治的朝廷为官，怎配得上如此清雅贵气的"王者之香"。从此以后，赵雍再也没有画过兰花。

赵凤，字允文，赵雍的儿子，擅长画兰花和竹子。他所画的兰、竹无论风格还是笔法，均与其父相似，甚至可以达到以假乱真的程度。为此，赵雍经常把儿子作的画题上自己的名字，以应付众多慕名而来索画的人。赵雍这个不经意的举动，不仅埋没了儿子的画名，也迷乱了后人的视线。现在传世的赵雍的竹兰画作，到底哪些是他亲力亲为，哪些是出自赵凤之手，是令鉴赏家们很头疼的问题。

赵麟，字彦征，赵凤的弟弟，以国子生的身份考取进士，官为江浙行省的检校。他十分擅长画人物及马匹。

管道升，字仲姬，赵孟頫的妻子，幼习书画，笃信佛法，翰墨辞章，不学而能。因为她的书法成就，与东晋的女书法家卫铄"卫夫人"并称中国历史上的"书坛两夫人"。管道升相夫教子，传承书香画艺，栽培子孙后代，"赵氏一门"流芳百世，三代人出了七个大画家。

元管道升《着色兰花卷》：善画兰者，故宋推子固，吾元称子昂，堪为伯仲。兹卷管夫人所绘，非固非昂，复有一种清姿逸态。出人意外，且以承旨手笔六法并臻，尤称双壁，得未曾有。

——《珊瑚网》卷四二

管仲姬彩笔兰花　元　管道升

管道升曾在她的《着色兰花卷》中评点当世善于画兰的人有两位，一位是赵孟坚（子固），另一位便是自己的相公赵孟頫（子昂），他们的绘画技艺不分伯仲。其实，管道升的绘兰技艺更是非同凡响，风格与子固、子昂都不同，或许因以女性细腻的视角去观察、描绘兰花，反而别有一种出人意料的清姿逸态。她的画法技巧同其丈夫的手笔六法一样精湛，但绝不雷同，可谓双剑合璧，相得益彰，前所未有。

王蒙，字叔明，号香光居士，管道升的外孙。王蒙能诗文，工书法，尤擅画山水，写景稠密，布局多重山复水，山水之外，能兼人物。其画作对明、清山水画影响甚大，仅次于黄公望，后人将其与黄公望、吴镇、倪瓒合称为"元四家"。明董其昌曾在王蒙的作品中题词："王侯笔力能扛鼎，五百年来无此君。"并在王蒙的代表作《青卞隐居图》中将其推崇为"天下第一王叔明"。

十七、所南画兰

南宋末年，一位年轻的后生顺利地通过了科举考试，被朝廷任命为靖和书院山长。正当他准备赴任时，元兵挥戈南下，直逼宋都临安，宋军顷刻溃败，元军很快占领了江南。闻此不幸消息，这位年轻的儒生，放声痛哭，决计隐居家乡，不与新王朝合作。他就是中国画坛上的民族英雄郑思肖。

墨兰图　宋　郑所南

郑思肖（1241—1318），字忆翁，号所南，福建连江秀乡人。生于宋理宗淳祐三年（1241年），卒于元仁宋延祐五年（1318年），为爱国诗人、画家。原名已不可考，宋朝灭亡后，郑思肖不肯仕元，所以就改名思肖，"赵"是从"走"从"肖"，"肖"是赵宋王朝"赵"的声符，思肖的意思是思念赵宋。号所南，表示他心向南方，绝不北面仕异族。据民间传闻，他隐居吴下（今苏州），连坐时也必向南，且誓不与北人来往，他对仕元的朋友，一概断绝关系。当时颇负盛名的书画家赵孟頫曾慕名前往拜访，但郑思肖憎其无气节，拒绝见面。听闻有人讲北语，他就掩起耳朵赶快走开。他的居室的匾上题为"本穴世界"，以"本"字的"十"加在"穴"字当中，就

123

是"大宋"。他喜画竹、兰、菊、梅，也是借以表达"纯是君子，绝无小人"的个人操守。

元代画家倪云林《题郑所南兰》诗云：

"秋风兰蕙化为茅，南国凄凉气已消。只有所南心不改，泪泉和墨写离骚。"这一年郑思肖65岁，距南宋灭亡已过27年，但他"香草美人"的气节丝毫未减，犹存一种浓郁的孤傲。诗人屈原对兰花极为赞美，诗曰："秋兰兮清清，绿叶兮紫茎，满堂兮美人。"故画兰亦称"写离骚"。

元人郑元祐在《遂昌杂录》中记载："喜佛老教，工画兰，疏花简叶，不求甚工。画成即毁之，不妄与人。"由此郑所南存世的画作极少，只能围绕孤品《墨兰图》探究这位诗人、画家的内心世界。

画家画兰与文人赏兰一样，追求的是精神意趣和人格表现。《墨兰图》中兰叶寥寥数笔，两朵花蕾，一朵盛开，另一则含苞，虽着墨不重，却勾勒出一丛疏花简叶的幽雅之兰，花下无土，根亦似有若无。画上还钤有"求则不得，不求或与，老眼空阔，清风万古"闲章一方，表示画者的画不轻易送人，尤其是对前来索画的元朝官员，体现出"头可断，兰不可得"的誓言，以及他自身的布衣傲骨。落款为"丙午正月十五日作此壹卷"。在落款中只题丙午干支而不写元代年号（是时为元大德十年），这都表明他与元朝势不两立的坚决态度。在这幅画的右侧，书有画者题诗一首：

向来俯首问羲皇，汝是何人到此乡。未有画前开鼻孔，满天浮动古馨香。

画中自题诗可视为郑思肖借"兰"作画的自序，表达自己超凡脱俗、清高自傲的襟怀。这种以诗配画的表现手法，缘物抒情地深化了《墨兰图》卷的题意，不俗不艳，不媚不屈。他这种通过露根兰来表现自己的爱国情感的绘画手法，被清代"扬州八怪"之一——郑板桥传承下来。

《墨兰图》画中蕴含的儒释道三教思想以及所传达出的文人精神，不仅是作者本人的真实写照，同时也体现了传统文人士大夫共有的心志。郑思肖在他的《寒菊》画中题诗云：

花开不并百花丛，独立疏篱趣未穷。宁可枝头抱香死，何曾吹落北风中。

前两句着重写菊花傲然独立的性格，菊花不与百花同时开放，它是不随俗不媚时的高士。以"百花"影射那些屈节仕元的故宋臣僚，而菊花正是诗人的自我写照，表示自己不与元朝合作。后两句着力写菊花的精神，特别突出其不屈不挠的意态和坚贞不二的气节，化用朱淑贞"宁可抱头枝上老，不随黄叶舞西风"的诗句，精心刻画了菊花宁可带着清香枯死枝头，绝不向北风屈服飘零落地的顽强精神，绝好地体现其耿耿忠心、铮铮铁骨及"宁为玉碎，不为瓦全"的高风亮节。这里的"北风"一语双关，字面上指大自然凛冽呼啸的北风，实际上隐喻来自北方的元朝统治者。

道家思想为郑思肖的诗、画作品注入了空灵、幽远、飘逸之气。《墨兰图》画面寂静、幽远，使人超然物外，亦深得禅趣，其意境恰似倪松云诗中所云：

兰生幽谷中，倒影还自照。无人坐妍娇，春风发微笑。

禅宗的思想使郑思肖的作品工整且有深意，在"物我两忘""相看两不厌，惟有敬亭山"的静照中感受宇宙的苍茫惨淡。

从《墨兰图》的文学性来欣赏此画，这是一幅非常抒情的文人写意水墨画。郑思肖描绘出兰草的野逸萧闲，孤高自傲的品质，气质如兰的屈原式文人的风骨。虽然，此画的画面构图简洁而舒展，几片兰叶互不交叉，两朵兰花饱满，形态清幽脱俗，但丝毫不见孤单落寞之感，从而尽得一种清逸儒雅的君子风范。据此可见，郑思肖的笔端不露丝毫霸悍之气，他的用笔沉稳流畅，挺拔刚劲，婉转富有变化，表现了兰叶挺拔、富有韧性、刚柔相兼之质。所以对于文人画家来说，兰是一种文化符号，兰与梅、竹、菊合称四君子。兰花从来就是中国传统文化特征的象征意象，它身上积淀了一个民族的历史。

近代大画家吴昌硕在一幅兰花画中也题有一首赞扬郑思肖的诗：

怪石与丛棘，留之伴香祖。可叹所南翁，画兰不画土。

名满天下的陈之藩写了一篇表现文化游子眷恋情绪的脍炙人口的名作：《失根的兰花》，题目就是来自郑思肖画兰的故事。全文如下：

顾先生一家约我去费城郊区的一个小的大学里看花。汽车走了一个钟头的样子，到了校园，校园美得象首诗，也象幅画。依山起伏，古树成荫，绿藤爬了一栋栋小楼，绿草爬满了一片片的坡地，除了鸟语，没有声音。象一个梦，一个安静的梦。

花圃有两片，一片是白色的牡丹，一片是白色的雪球。如在海的树丛里，闪烁着如星光的丁香，这些花是从中国来的吧！

由于这些花，我自然而然地想起了北平公园里的花花朵朵，与这些花简直没有两样。然而我怎样也不能把童年的情感再回忆起来。我不知为什么，我总觉得这些花不该出现在这里。他们的背景应该是来今雨轩，应该是谐趣

125

园，应该是宫殿阶台，或者亭阁栅栏。因为背景变了，花的颜色也褪了，人的情感也落了。泪，不知为什么流下来。

十几岁，就在大江南北漂流，泪从来也未这样不知不觉的流过。在异乡见过与童年完全相异的事物，也见过完全相同的事物；同也好，不同也好，我从未因异乡事物不同而想过家。到渭水滨，那水，是我从来没有见过的，我只是感到新奇，并不感觉陌生；到了咸阳城，那城，是我从来没有看过的，我只感觉她古老，并不感到伤感。我曾在秦岭中拣过与香山上同样的红叶，在四川蜀中我也看到过与太庙同样古老的古松，我也并没有因而想起过家；虽然那些时候，我穷得象个乞丐，而心中却总是有嚼菜根用以自励的精神。我曾骄傲的说过自己："我，到处可以为家。"

然而，到了美国，情感突然变了。在夜里的梦中，常常是家里的小屋在风雨中坍塌了，或是母亲头发一根一根地白了；在白天的生活中，常常是不爱看与故乡不同的东西，而又不敢看与故乡相同的东西。我这时才恍然感悟到，我所谓的到处可以为家，是因为蚕没有离开那片桑叶，等到离开国土一步，就到处均不可以为家了。

花搬到美国来，我们看着不顺眼；人搬到美国来，也是同样不安心。这时候才记忆起，故乡土地的芬芳，故乡花草的艳丽。

在沁凉如水的夏夜中，有牛郎织女的故事，才显得星光晶亮；在群山万壑中，有竹篱茅舍，才显得诗意盎然；在晨曦的原野中，有笨拙的老牛，才显得淳朴可爱。祖国的山河，不仅是花木，还有可感可泣的故事，可吟可咏的诗歌，儿童的喧哗笑语与祖宗的静肃墓庐，把她点缀得美丽了！

古人说"人生如萍"，那是因为古人从没离开过国门，没有感觉离国之苦。萍还有水可依，依我看，人生如絮，飘零在万紫千红的春天。

宋末画家郑思肖画兰，连根带叶均飘于空中，人问其故，他说："国土沦亡，根着何处？"国，就是根，没有国的人，是没有根的草，不待风雨折磨，即行枯萎了。

我十几岁就无家可归，并未觉其苦，十几年后，祖国已破，却深觉出个中的滋味了。不是有人说"头可断，血可流，身不可辱"吗？我觉得，应该是"身可辱，家可破，国不可亡"。

全文几乎没有对兰花形、色、香的种种介绍，只是围绕着"国土沦亡，根着何处"的立意，用"根"来比喻故土，以"兰花"喻人，以"失根的兰花"来比喻天涯游子那一份悲凉沉郁的心结。故国之思、故园之恋跃然纸上。从表面上看，作者念念不忘的，仅是故园的"花花朵朵""故宫的石阶"，而从整篇文章的气脉上来看，他思恋的是传统文化里的中国，因为那里有"可歌可泣的故事，可吟可咏的诗歌"。的确，多少年的历史才产生一点传统？多少年的传统才产生一点风格？这一切都是值得我们用最虔诚的心去尊重的。所以"失根的兰花"也自有其深层的寓意，那就是对正在消失的传统与风格的珍爱。

陈之藩们与郑思肖的不同之处在于，兰花作为儒学传统人格的象征，在郑思肖笔下只是"失土"，失去了滋养它的国土，然而文化根基仍在。而陈之藩的兰花失去的与其说是国土，不如说是"兰花"，失去了赖以为生的文化土壤，那才是最让人不堪的"失根"之痛。

元末明初的画家、诗人陈汝言有一首流传甚广的咏兰诗：

> 兰生深山中，馥馥吐幽香。
>
> 偶为世人赏，移之置高堂。
>
> 雨露失天时，根株离本乡。
>
> 虽承爱护力，长养非其方。
>
> 冬寒霜雪零，绿叶恐雕伤。
>
> 何如在林壑，时至还自芳。

这首诗可谓是对失根者一个最入骨的写照。而千里飘蓬的陈之藩们，无论是在台湾还是在美国，他们不仅是地理意义上的游子，更是文化意义上的游子。所以，他们比起郑思肖来，恐怕还要更多一分苍凉、一抹萧疏。

当然说到最有名的爱兰者兼失根者，就要属那位曾因发动"西安事变"而震惊中外，被周恩来总理称之为"千古功臣"的少帅张学良了。

1946年11月，秋风萧瑟的一天，张学良被秘密解往台湾。1964年7月4日，这一天对于张学良来说是个极不平凡的日子。就在这一天，他要和自己相亲相爱了30年并伴随他度过严加"管束"的27个春秋的赵四小姐结成终身伴侣。张学良与赵四小姐都特别喜欢兰花，他们用兰花来装饰自己并装点婚礼现场，在优美的音乐声和淡淡的兰花幽香中完成了堪称千古绝唱的兰花婚礼。婚后数十年来，他们经常出入兰花界，除了品评鉴赏兰花外，其他话题一概绝口不谈，常常是谈完兰花就走。每天清晨和黄昏，张学良夫妇在花园里浇水、施肥、培土，兰花伴随着他们迎来了一个个日出和日落。他俩把养

兰当成是一种生活享受。在他们的兰园里，种养了200多盆各种名贵品种的兰花，他们种养的兰花就如同他们的爱情一样芬芳。

1981年9月18日，81岁高龄的张学良，在"西安事变"后第一次接受记者采访。记者于衡与他谈往事，张学良便显得沉默寡言，而一说起兰花的种养与鉴赏，他就变得谈兴十足。谈到看书读报时，他说，他只看两报一刊，其中一刊就是《兰花世界》杂志。他说："写诗可以言志，养兰如饮醇醪，最能寄情解意，达到万虑俱消的境界。"每次与人说起兰花，他总会心情愉悦地说："我第一爱夫人，第二爱兰花。"他还说："兰是花中君子，其香也淡，其姿也雅。正因为如此，我觉得兰的境界幽远。"为了养好兰花，他们踏遍了台湾产兰区的山山水水，访问了许多种兰名家，经过20年的品种筛选、精心养护，终于培植出一种名兰，并将其命名为"爱国兰"。1993年4月21日，第三届中国花卉博览会在北京开幕，在这次博览会上，台湾世界交流协会专门设置了"张学良将军与兰花"展馆。4月25日晚上8点，江泽民来到"张学良将军与兰花"展馆前，受张学良委托送兰的台湾兰花协会会长黄秀球手捧一盆兰花走上前去，对江泽民说："这盆兰花名叫爱国兰，张将军培育了20多年，并亲自命名'爱国号'，现在送给您。"一时间，"爱国号"盆兰成为两岸媒体争相报道的热点。张学良逝世前立下遗愿：把"爱国兰"带回祖国大陆，让她们在那里散发馨香！

张学良养兰，不仅是为了消遣欣赏，陶冶性情，还爱它的品格，以兰铭志，抒发情怀，在几十年的养兰岁月中，他对中国兰文化和兰的历史也颇有研究。他还自作了一首咏兰诗：

> 芳名誉四海，落户到万家。
> 叶立含正气，花妍不浮华。
> 常绿斗严寒，含笑度盛夏。
> 花中真君子，风姿寄高雅。

十八、沈复守兰

沈复，字三白，号梅逸，清乾隆二十八年（1763年）生于长洲（今江苏苏州）。清代作家、文学家。《浮生六记》是他的一部自传体作品，系沈复所写的一部回忆录。

沈复在《浮生六记》里曾有过这样的描写："花以兰为最，取其幽香韵致也，而瓣品之稍堪入谱者不可多得。兰坡临终时，赠余荷瓣素心春兰一盆，皆肩平心阔，茎细瓣净，可以入谱者，余珍如拱璧。值余幕游于外，芸能亲为灌溉，花叶颇茂。不二年，一旦忽萎死。起根视之，皆白如玉，且兰芽勃然，初不可解，以为无福消受，浩叹而已。事后始悉有人欲分不允，故用滚烫灌杀也。从此誓不植兰。"这段文字主要是介绍沈复、陈芸夫妇得兰、养兰、失兰的经过，很是感人。同时通过对这些艺兰的描写，我们也看到他们夫妇的伉俪情笃，情趣高雅。"欲分不允"，是沈家自私；"滚烫灌杀"，是人之阴暗嫉妒残忍。兰事至此，岂不痛绝！

沈复多才多艺，是文人，同时也精于园艺，而那一起兰花谋杀案以沈复为兰花守节而终。这段艺兰文字写得十分细致，"从此誓不植兰"一句，其怜花惜花之情，跃然纸上。

然人多自私，认为以物养己为天经地义。君子以兰喻德，岂肯因爱加害？

苏轼，宋代文学家，字子瞻，号东坡居士。眉州眉山（今属四川）人。嘉祐进士。他在《宝绘堂记》中言：

君子可以寓意于物，而不可以留意于物。寓意于物，虽微物足以为乐，虽尤物不足以为病。留意于物，虽微物足以为病，虽尤物不足以为乐。老子曰："五色令人目盲，五音令人耳聋，五味令人口爽，驰骋田猎令人心发狂。"然圣人未尝废此四者，亦聊以寓意焉耳。刘备之雄才也，而好结髦。嵇康之达也，而好锻炼。阮孚之放也，而好蜡屐。此岂有声色臭味也哉，而乐之终身不厌。

凡物之可喜，足以悦人而不足以移人者，莫若书与画。然至其留意而不释，则其祸有不可胜言者。钟繇至以此呕血发冢，宋孝武、王僧虔至以此相忌，桓玄之走舸，王涯之复壁，皆以儿戏害其国凶此身。此留意之祸也。

始吾少时，尝好此二者，家之所有，惟恐其失之，人之所有，惟恐其不吾予也。既而自笑曰：吾薄富贵而厚于书，轻死生而重于画，岂不颠倒错缪失其本心也哉？自是不复好。见可喜者虽时复蓄之，然为人取去，亦不复惜也。譬之烟云之过眼，百鸟之感耳，岂不欣然接之，然去而不复念也。于是乎二物者常为吾乐而不能为吾病。

大意是说：

君子可以把心意寄托在事物中，但不可以把心意留滞于事物中。如果把心意寄托在事物中，即使事物很微小也会把它看作是快乐的事情，即使事

129

物特异也不会成为祸害。如果把心意留滞在事物中，即使事物很微小也会成为祸害，即使是特异的事物也不会感到快乐。老子说："缤纷的色彩使人目盲，动听的音乐使人耳聋，丰美的食物使人口伤，骑马打猎使人心发狂。"但是圣人并没有因此而废除这四样东西，也是暂且用来寄托心意罢了。刘备有雄才大略，却性喜织毛物。嵇康恬静寡欲，却喜爱打铁。阮孚狂放不羁，却喜爱蜡制的鞋子。这难道有什么音乐、美色和香气吗？但他们终生喜欢而不厌弃。

事物之中最可喜而且足以取悦于人而不足以移动人心的，莫过于书和画了。然而到了那把心意留滞在书画上而放不下的程度，那么它的祸害就说不完了。钟繇发展到因此吐血盗墓，宋孝武帝和王僧虔发展到因此互相猜忌，桓玄发展到打仗时还把书画装在船上带在身边，王涯发展到把书画藏在夹墙内，都是由于小孩子玩的把戏害了他们的国家，害了他们的身体。这就是把心意留滞在事物中带来的祸害。

原来我在年少的时候，也曾经喜好这两样东西。家里所有的都担心失去，别人所有的又担心不给我。不久就自我嘲笑说："我看轻富贵而看重书画，看轻生死而看重书画，岂不也是厚薄轻重，颠倒错误，丧失自己的本心吗？"从这以后就不再那样喜好了。看见喜欢的书画虽然也想收藏它，然而被人取走了，也不再感到可惜。就像烟云从眼前闪过，百鸟的鸣叫从耳边掠过，为什么不愉快地接受它，等到消失之后就不再记挂它了呢？于是书画二物就常常带给我快乐而不会成为祸害。

这些话看来平平常常，但实质却极富哲理。苏轼在立身处世上，受道家思想影响很深。《庄子》中对人与物的关系问题，就反复讲道："胜物而不伤"（《应帝王》），"不以物挫志"（《天地》），"不以物害己"（《秋水》）。庄子认为物同人相比，比人低贱，物应该受人支配，受人利用。物不应该成为支配人、奴役人的力量。但事实上，人们往往"以物易其性"（《骈拇》），"弃身以殉物"（《寓言》），人成了物的奴隶，丧失了应有的欢乐和自由。人要做到不为物所支配，苏轼认为不应"留意于物"，也就是他在《超然台记》中写的："以见余之无所往而不乐者，盖游于物之外也！"就是要从一切物质利益束缚中超脱出来，把穷通、贵贱、得失、成败，统统置之度外，这样才能任性自适、随缘自乐。这是苏轼的深切体会，是他的处世哲学。在他的一生中处逆境而能安之若素，临忧患而不颠倒失据，正是由于他正确认识了人与物的关系。

十九、总理赠兰

1962年春，周恩来总理在美丽的杭州西子湖畔，亲切地会见了来华访问的中日友好人士松村谦三先生。

松村谦三先生是日本著名的政治家，曾为中日邦交正常化不畏艰险开路奠基。他从青年时代就对中国有所了解，与廖承志同为早稻田大学的校友。毕业后担任《报知新闻》记者，曾到中国各地旅行。1928年，松村谦三当选为日本众议院议员，在内阁中担任过厚生大臣、文部大臣、农林大臣等职。他始终认为，没有中日两国的握手就没有亚洲的和平。1959年10月，松村谦三先生以76岁高龄毅然率团访华。这是战后自民党上层政治家首次访华。他不顾党内外的阻挠和敌视，与周恩来、陈毅等中国领导人共商中日友好大计，在交往中结成深厚友谊。松村谦三先生喜爱中国兰花，也爱下围棋。同样爱好围棋的陈毅向松村建议，"围棋、乒乓球、书法、兰花都可以交流，不谈政治，只谈友好"，松村立即表示同意。这位刚直坦荡的老人自幼沉浸于汉学研究，对中国有着特殊的感情。1962年10月他第二次访华后，中日两国签署了《中日长期综合贸易备忘录》简称"LT贸易"，同意在东京和北京互设常驻办事处并实现互派记者，开创了著名的"备忘录贸易"。

松村谦三先生非常喜爱中国的兰花，曾收集过不少品种。周总理深知松村先生的爱好，趁这次在杭州相会，吩咐随员去杭州苗圃挑选一盆兰花送给松村谦三先生。兰圃的工作人员知道周总理的意图后，特地挑选了一盆周总理祖居绍兴选出的叫"环球荷鼎"的名贵兰花。此花是民国时由绍兴兰农在上虞大舌埠山中发现的。当年下山时就被上海艺兰家郁孔昭以八百银圆购去，实为兰中极品，当时在杭州花圃中也只有两三盆。当松村先生从周总理手中接过这盆兰花时，激动得说不出话来。他知道"环球荷鼎"的珍贵，他更知道总理的美好心意。"兰"表达诚恳，"兰"象征着友谊，周总理希望中日友谊像"兰"一样常青，像"兰"一样馨香。松村谦三先生捧着"环球荷鼎"回到了日本，更鼓舞了他为发展中日友好事业的信心。

1963年4月的一天深夜，廖承志突然接到了松村谦三的电话。松村谈到在落实中日"备忘录贸易"的过程中出现了种种困难，日本政府迟迟不肯批

第四章 颂扬兰花

131

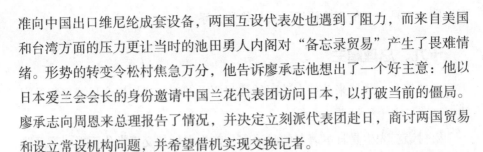

准向中国出口维尼纶成套设备，两国互设代表处也遇到了阻力，而来自美国和台湾方面的压力更让当时的池田勇人内阁对"备忘录贸易"产生了畏难情绪。形势的转变令松村焦急万分，他告诉廖承志他想出了一个好主意：他以日本爱兰会会长的身份邀请中国兰花代表团访问日本，以打破当前的僵局。廖承志向周恩来总理报告了情况，并决定立刻派代表团赴日，商讨两国贸易和设立常设机构问题，并希望借机实现交换记者。

　　1963年4月29日，由时任福建省委统战部部长张兆汉为团长的中国兰花代表团动身访日，根据周总理的指示，廖承志的三位得力助手孙平化、王晓云和王晓贤成为代表团成员。孙平化等三人虽然"连兰花和韭菜都分不清"，但他们却是代表团中最重要的人物。在东京羽田机场，中国代表团受到了松村谦三的秘书山本重男的热情接待。并不富裕的松村还自掏腰包支付了中国代表团访日的所有费用。中国兰花代表团访日期间，与日本兰花爱好者进行了交流，很快中国兰花代表团结束访问回国了，但孙平化等三人则留在了日本，他们开始了此次访问最重要的日程。经秘密安排，孙平化等三人会见了通产省官员渡边弥荣司，就日本向中国出口成套设备使用日方出口信贷等问题，试探日本政府的态度。渡边犹豫再三，最后还是决定支持"备忘录贸易"，因为这对中日关系的未来有利。渡边在准备"辞官当老百姓"的决心下签署了文件。三个星期后，日本通产大臣终于发觉了此事，根据渡边的回忆："他像看到家里着了火一样着急，可根据国际惯例，这个文件已经生效了，通产大臣并没有让我交辞呈，他理解了我的良苦用心。"中国密使会见日政坛实力派，"兰花外交"开创中日沟通渠道。

　　1963年6月29日，中日双方在北京签订了引进日本维尼纶成套设备的合同，总金额为73.58亿日元。第一个成套设备贸易成交，使日本厂商大大增强了发展中日贸易的信心，中日"兰花外交"取得了巨大的成功。尽管在以后的日子里，美日右翼和台湾当局不停地出来捣乱，声称日本出口成套设备并提供政府贷款，是对中国的援助，有的甚至说让解放军穿上维尼纶军服，就是加强中国的军事力量，企图阻挠日本政府履行合同。但经过"兰花外交"，中国与日本政府建立了良好的沟通渠道，双方共同打破了美日右翼和台湾方面的阻挠，使维尼纶工厂顺利地落户北京。

　　1971年8月21日，松村谦三先生在劳累和病痛的夹击下，带着对中日友好的期待与世长辞，享年88岁。郭沫若题赠松村先生的诗写道：

渤澥汪洋，一苇可航。敦睦邦交，劝攻农桑。

后继有人，壮志必偿。先生之风，山高水长。

在生命弥留之际，松村谦三将儿子们叫到床前，语重心长地说要继承他的日中友好事业，要养好周总理赠送的兰花。他的小儿子松村正直牢记父亲教训，从养兰的门外汉，通过潜心钻研，广结兰友，终于成为日本兰界的养兰高手。他把"环球荷鼎"送给兰友，使"环球荷鼎"香飘日本。

1987年春，日本举办了第十二届世界兰花博览会，当松村正直从中国代表团得知周总理的祖居绍兴已在1983年成立了兰花协会，并在1984年将兰花定为绍兴市花的消息后，再也抑制不住内心的激动，表示一定要到绍兴去看一看。当年11月，松村正直不顾79岁的高龄，联络兰友一行6人，风尘仆仆地来到了绍兴，参观了绍兴兰圃，拜访了兰界同行，并向绍兴市兰协赠送了当年周总理赠送给他父亲的"环球荷鼎"的后代。

在经历了几十年风风雨雨后，1972年，中日终于实现了邦交正常化。远涉东瀛的绍兴兰花带着中日人民的友好情谊，从中国到了日本，在日本生根开花，又从日本回到了中国。周总理和松村谦三先生若是天上有灵，亦可告慰了。

二十、朱德栽兰

朱德元帅一生对兰花情有独钟，无论是在战争年代，还是在和平时期，他对兰花的钟爱始终如一。莳花弄草，似非戎马倥偬的元帅本色，实与朱德一段缠绵的爱情有关。1928年湘南起义期间，朱德与耒阳农民武装的宣传员伍若兰相识，后经人介绍二人结婚，婚后伍若兰随同朱德上了井冈山。1929年2月2日，国民党刘士毅部偷袭红军军部，为掩护朱德突围，伍若兰不幸被捕，在狱中她坚贞不屈，最后英勇就义，年仅26岁。朱德为此难过不已，自此他更加热爱兰花。中华人民共和国成立以前，因为战事需要，经常转战南北，他每到一处新的居所，都要在房前屋后栽盆兰花。中华人民共和国成立后，他在住处专门开辟了一块地，种植兰花，并取名为"兰苑"，以此寄托对伍若兰的无限思念。

早在云南从军之时，朱德就开始喜欢兰花了。1928年，朱德率南昌起义部队与毛泽东率领的秋收起义部队在井冈山胜利会师。井冈山茨坪东南的山中盛产各种兰花，特别是井冈兰，人称"兰花坪"。朱德常在闲暇时去山里寻花赏花。朱德爱兰的故事在井冈山广为流传，留下了"当年朱军长引种兰花，香飘湘赣边界八百里"的佳话。1949年后，朱德开始认真研究兰花。每当外出视察时，只要当地产兰花，又有闲暇，他总是饶有兴致地去公园或山野寻兰。如果遇到花卉展览，他也一定不会错过。在朱德既科学又细心的照料下，家中养的几千盆名贵兰花长势良好。他经常把自己精心培植的兰花赠送他人或园林部门，与大家一起分享兰花的芬芳与美丽。从1961年开始，他派人专程将适合在亚热带地区栽培的160余盆兰花，分三次赠送给成都杜甫草堂。北京中山公园的兰花，也有许多是朱德所赠。"东方解冻发新芽，芳蕊迎春见物华。浅淡梳妆原国色，清芳谁得胜兰花？"朱德的这首生前没有发表过的诗，再次告诉我们，他是如此厚爱兰花。

朱德不仅爱兰、种兰，也颂兰，他一生共创作了约40首咏兰诗词，这些诗词真切反映了朱德寻兰、养兰、赏兰过程中的所感所悟。1961年3月3日，朱德在广州越秀公园兰圃参观时，即兴赋诗《游越秀公园》：

越秀公园花木林，百花齐放各争春。

唯有兰花香正好，一时名贵五羊城。

同年深秋，朱德曾赋七绝一首，来描写自己在辛勤劳作中获得的乐趣：

幽兰奕奕待冬开，绿叶青葱映画台。

初放红英珠露坠，香盈十步出庭来。

1962年1月1日，朱德参观北京中山公园兰花展览，赋诗《咏兰展》：

春来紫气出东方，万物滋生齐发光。

幽兰新展新都市，人人交口赞国香。

幽兰吐秀乔林下，仍自盘根众草傍。

纵使无人见欣赏，依然得地自含芳。

其末四句后来印制在1988年12月25日发行的特种邮票《中国兰花》小型张上。

这套兰花邮票，以千百年来备受中国人民喜爱的传统名兰地生兰类中栽培历史最悠久的春兰、蕙兰、建兰、墨兰、寒兰为创作素材，整个票面的设计采用诗画搭配，不同姿态的兰花，配长短、诗意不同的诗，诗撷取唐、宋、明、清时代及朱德元帅的咏兰名诗佳句。设计者着力以中国兰花婀娜多姿的叶片，战胜严寒、傲霜斗雪的气骨，具有完整人格化的白色或绿色素心之花的名兰为基础，反映中华民族屹立于世界民族之林的独特民魂。

（宋）苏轼诗

面值为8分的兰花邮票，画面为春兰集圆、宋梅、龙字、万字"四大天王"之一的龙字，左边配宋朝大诗人苏轼的诗《题杨次公春兰》中的上阕：

春兰如美人，不采羞自献。时闻风露香，蓬艾深不见。

诗中的下阕："丹青写真色，欲补离骚传。对之如灵均，冠佩不敢燕"被删略。苏轼写的兰与屈原《离骚》中所指的兰是否同物的问题，学术界、兰花界争议颇大，创作者省去后半部分，主要是借苏东坡描述的春兰图景，以求诗画融为一体，又避免了异议纷争，点到为止，妙不堪言。

（清）何绍基诗

面值为10分的兰花邮票，右边以无土无盆的兰花为主体，娇艳的鲜花旁逸伸向左边的诗文间，画面上的兰花为传统蕙兰老八种之首的"大一品"，诗文择取清朝诗人何绍基的诗《素心兰》中的第五、六句：

香逾淡处偏成蜜，色到真时欲化云。

前一句"深心太素绝声闻，悔托灵根压众芬。万古贞风怀屈子，一江白月吊湘君"和后一句"园树秋光都占尽，故应冰雪有奇文"被略去。以简洁的诗文，注释馨香飘逸的蕙兰名品"大一品"，实乃画龙点睛，直露要旨，给人悦目赏心的感受。

第四章 颂扬兰花

（唐）李世民诗

面值20分的兰花邮票，左边画面以银边墨兰占据空间。墨兰色深，叶厚斑驳。配诗要突出形影的诗词，创作者采用唐朝李世民的诗《芳兰》的后阕：

日丽参差影，风传轻重香。会须君子折，佩里作芬芳。

配文为墨兰图增辉烘托，把人的视点更加集中地转入绿如翡翠的墨兰中，创作者舍去上阕"春晖开紫苑，淑景媚兰场。映庭含浅色，凝露泫浮光"的背景材料，使主题从兰画中跳出来，扣人心弦，带入墨兰图景的审美境界。

（明）张羽诗

面值50分的兰花邮票，把叶茂花盛的素心建兰中的"大凤素"图置于诗画的左边，右边的诗文采用明朝张羽的《咏兰叶》全诗：

泣露光偏乱，含风影自斜。俗人那解此，看叶胜看花。

朱德诗

面值2元的小型张兰花邮票，画面以春兰中的红莲瓣跃然纸上，配以朱德元帅的《咏兰诗》后四句：

幽兰吐秀乔林下，仍自盘根众草傍。纵使无人见欣赏，依然得地自含芳。

小型张配的是现代诗，区别于前面的古诗。朱德作为现代爱兰名人的典范，邮票创作设计中加上离现代人更近的爱兰名人，显得亲近，对于整个兰花邮票形成贯古通今的主线作用很大。

麻栗坡兜兰、虎斑兜兰、长瓣兜兰、卷萼兜兰

为了增强人们对野生兰花的保护意识，2001年9月28日国家邮政局发行的《兜兰》特种邮票一套四枚，图案分别为"麻栗坡兜兰""虎斑兜兰""长瓣兜兰""卷萼兜兰"。兜兰又名拖鞋兰，是兰科家族中的一个极其美丽的类群，欧美等国广泛栽培作为观赏。全世界共79种，我国有27种。云南是我国乃至世界野生兜兰分布中心，有多达14种，主产于云南。由于生态环境的不断恶化，极具观赏开发价值的野生兜兰濒临灭绝，兜兰是国家重点保护植物，被《野生动植物濒危物种国际贸易公约》列为世界一级保护的植物种类。

《兜兰》邮票图案选自盛产于我国的"洋兰"精品。兜兰由于其花的唇瓣呈拖鞋状，又名"拖鞋兰"。这套邮票中的品种代表了单花与多花两大品系、宽瓣与窄瓣及绿叶与斑叶等不同类型。

二十一、胡适咏兰

在安徽绩溪胡适故居内有12扇落地隔门扇，上有徽墨雕刻大师胡国宾手

刻的阴刻兰花图，图上还有题诗：

珍重韶华惜寸阴，入山仔细为君寻。兰花岂肯依人媚，何幸今朝遇赏音。

这些兰花图使幼小的胡适耳濡目染了兰花木刻之美。胡适第一次种兰花是1921年夏天。一天，熊秉三夫妇在西山班的一个慈幼院开了一个周年纪念会，把胡适先生请去讲话。临别的时候，他们送给胡适一盆兰花。胡适把这盆兰花种在北京后门里钟鼓寺14号的四合院里，到了10月份的时候，胡适为《时报》作《十七年的回顾》，因为写得不顺利，就到院中去散心。站在兰花草面前，胡适一次次地凝视着兰花，可是让人着急的是，眼前的兰花似乎像是沉睡一般，连一个花苞也长不出来。

此后的一段时间，胡适去了上海和南京等地，回到北京时，秋已经很深了。再细看这盆兰花草，还是和自己去上海前一样，一点也没有开花的样子。胡适未免有些怅然，为了避免兰花被冻坏，他将兰花草搬回屋里过冬。

这小小的一盆兰花，虽然未能如愿开放，却像是种在了胡适心里一般。那段时间，他的妻子江冬秀怀孕了，两个月后就要临产，胡适坐在人力车上的时候，都在写一首小诗《希望》，他想用"希望"这两个字，来预示新生命的前程。这一天，胡适福至心灵，才思泉涌，这首小诗一挥而就。《希望》共三阙60字，诗云：

我从山中来，带得兰花草。种在小园中，希望开花好。

一日望三回，望到花时过。急坏种花人，苞也无一个。

眼见秋天到，移花供在家。明年春风回，祝汝满盆花！

这是胡适一生写下的唯一一首"咏兰诗"。他不会想到这首诗日后会被很多人传唱，更不会想到这首诗会随着自己暮年漂泊到台湾，后被台湾的陈贤德和张弼二人修改并配上曲子，同时改名为《兰花草》，又随着刘文正手中的吉他，再一次流行回内地被广为传唱。只要是华人，几乎都对这首歌耳熟能详。《兰花草》歌词如下：

我从山中来，带着兰花草。种在小园中，希望花开早。

一日看三回，看得花时过。兰草却依然，苞也无一个。

转眼秋天到，移兰入暖房。朝朝频顾惜，夜夜不相忘。

期待春花开，能将凤愿偿。满庭花簇簇，添得许多香。

胡适是第一位提倡白话文、新诗的学者，中国十大诗人之一，致力于推翻两千多年的文言文，又称"文学革命"。早在1920年，胡适就发表了第一部白话诗集《尝试集》，这也是中国文学史上首部白话诗集。著名的《蝴蝶》就收录其中。《希望》正是用白话文形式创作的，文风朴实、字句简单易懂，却不乏生趣活泼，也正符合他"不作无病之呻吟"，须"言之有物"的文学主张。

不仅是胡适，兰花和文人之间似乎从来都有着不解之缘。这其中的原因也许不难理解。兰花喜阴，性洁，香清味淡，雅逸幽致而格高，因此历来被文人所钟爱。中国知识分子的人生宗旨，历来是儒家进则立功，退则静养，立功不成就退而植花养草、著书立说、收徒传道，或结社吟诗、雅咏酬唱、写字画画，而兰花淡雅幽贞的品性，就自然而然、顺理成章地成为他们娱情寄志的理想对象了。

二十二、鲁迅赋兰

希望本无所谓有，也无所谓无，这就像地上的路，其实地上本没有路，走的人多了，也便成了路。

——鲁迅

鲁迅从小对花卉有浓厚的兴趣。早在三味书屋从寿镜吾先生读书和在绍兴府中学任教时，就阅读了《兰惠同心录》《南方草木状》《释草小记》《广群芳谱》《花镜》等书。他曾在家中天井和百草园广植花卉。鲁迅爱好的花卉很多，而最钟爱的是兰花。鲁迅爱兰，有家庭的原因。他家称得上是养兰世家。1933年11月19日，他在《致山本初枝》中写道："我的曾祖栽培过许多兰花，还特地为此盖了三间房子。"鲁迅的祖父和父亲也都养过兰花。由于家庭环境的影响，鲁迅自小就爱上了兰花。青少年时，他常常约二弟周作人、三弟周建人到城内的府山、塔山上去采兰，有时还带干粮，远至城外的会稽山、兰渚山上去采集。1911年3月18日，鲁迅和周建人、王鹤照去游览大禹陵。他们游览了禹庙、空石亭，就去采兰。到了山顶，鲁迅见一块长满了苔藓和杂草的巨石上生着星星点点的小花，五六束成一簇，便就近采摘。"扭其近者，皆一叶一花，叶碧而华紫，世称一叶兰；名叶以数，名华以类也。"后来，鲁迅把这次上山采兰的经历，连同是年8月17日他和周建人到舅父家附近的镇塘殿观潮的见闻，写成《辛亥游录》。由此可见，鲁迅对兰花的知识修养是比较精深的。就是今天，也只有少数资深的养兰人才能认识一叶兰。

辛亥革命不久，鲁迅离开故乡辗转北京、厦门、上海等地工作。在以后的20年时间里，养兰始终是鲁迅的兴趣爱好。立春时节，每当人们从鲁迅寓所前走过，总有阵阵兰香扑鼻而来，时淡时浓，时远时近，沁人心脾。据叶圣陶老人回忆说："当年鲁迅就在庭院种有不少兰花，养得多而且好。曾送一盆兰花给我，并教我如何养护。"叶圣陶生前也爱好兰花，这与鲁迅有着密切的关系。

20世纪末，鲁迅移居上海，在此期间结识了日本兰友小原荣次郎。小原荣次郎原在东京经营中国古玩，因钦慕中国兰花，20世纪20年代始专事中国兰花的买卖，曾到杭州、绍兴、上海、苏州、无锡一带采兰，著有《兰花谱》，在日本兰界颇有影响。1931年春，国民党反动派迫害左联作家，柔石、殷夫等23位进步青年被捕，鲁迅被迫避居日本人开设的旅馆"花园庄"。此时，适逢小原荣次郎采兰将归国，对自然和社会具有很强感受力的鲁迅，以友人携兰东归这一情景，借兰抒情，赠七绝一首，诗云：

椒焚桂折佳人老，独托幽岩展素心。岂惜芳馨遗远者，故乡如醉有荆榛。

诗中托兰咏贤，把兰花的"芳馨"比作革命者的伟大精神，寄情于深山幽岩中的"素心"佳兰，用荆棘榛木丛生的险恶环境，来衬托兰花的高洁、素雅。大文豪写兰，如此真情，如此精到，足见爱兰之深。

二十三、梅派兰姿

京剧大师梅兰芳，名澜，又名鹤鸣，字畹华，艺名是"兰芳"。梅兰芳是"梅派"艺术创始人，他对京剧进行了很多改革和创新，把京剧艺术推上了巅峰，其中"兰花指"堪称绝艺。

被誉为"戏曲百花园中的一枝幽兰"的昆曲，是我国传统戏曲中最古老的剧种之一。原名"昆山腔"或"昆腔"，清代以来称为"昆曲"，如今称为"昆剧"。"昆山腔"产生于元末明初（14世纪中叶）江苏昆山一带，至今已有600多年的历史。"昆山腔"开始只是民间清曲、小唱。由于"昆山

梅兰芳在《贵妃醉酒》中的"兰花指"

腔"植根于吴文化,具有"流丽悠远"的特色,音乐以"婉丽妩媚、一唱三叹"著称。到明嘉靖、嘉庆年间,魏良甫对昆山腔加以改革,使其更加委婉细腻,流丽悠远,人称"水磨腔"。今日之京剧、越剧及全国各地的剧种,无一不是以昆曲为师。

兰花指

昆曲还与兰花结合在一起。首先,"兰花指"是昆剧旦角戏的一个标志性的身段手势。旦角通过"兰花指"这一肢体表演艺术结合身段、眼神,来表达人物的喜、怒、哀、乐。兰花指,顾名思义,就是把手指变成兰花状。梅兰芳的"五十三式兰花指"灵动多姿,极大地丰富了角色的肢体语言,使剧中人物的内心情感得到更充分的表达。以指法作为戏剧表演的关键手段,是中国悠久的表演艺术至臻至善的特征,它从未被国际艺术理论大师所认识,却能从我们深邃悠久的兰文化中寻根问源。其次,"水磨腔"的意境与"艺兰"的意境相同。"水磨腔"以缓慢的节奏,清柔委婉的声调,平、上、去、入的字音,头、腹、尾的咬字方法,使音乐缠绵婉转、柔曼悠远,犹如幽幽兰香,令人回味。

《芥子园画传·兰谱》强调"写花必须五瓣",正合手指之数。因兰花有君子之风,"兰花指"也称"君子指",且指法多样,据说还有本叫《兰花品藻》的书,专门教人如何鉴赏、锤炼和保养兰花指。"兰花指"在近代多见于戏剧表演,对于旦角尤其重要。抗日战争期间,梅兰芳蓄须明志,坚决不为侵略者演戏。梅先生的民族气节确实当得起"兰芳"之名。

过去,人们生活悠闲,喝茶也讲究。茶具一律带盖碗,茶船是青铜或瓷做的,茶碗、茶盖是细瓷的。喝茶时,左手端茶船,茶船托起茶碗,右手轻轻提起茶盖，然后斜贴着茶水在冒着热气的水面上轻柔地来回荡几下，刚泡的茶味道就均匀了。这个动作确实很优雅，尤其是那些生得俊俏水灵的女孩来做，自然而然地显出微翘的兰花指，看上去无比雅致。

一直以来，兰花指就是女性的专利，这种局部的形体动作，只有在女性身上可绽放出几分妩媚，几分妖娆。一个女人，无论长相怎样，当她那纤细的葱白手指，在随意间毫不做作地翘起兰花形，那份柔美和妩媚，该是怎样的诱惑！

二十四、禅兰一味

古人常以花为友，如梅为清友，菊为静友，而兰，则为禅友。佛门将寺庙称为兰若，佛家又将兰花称为禅花。兰花有着幽境淡雅的品性，开花不求世人赏，自在山林淡放香。我想寺庙的清净之地之所以被称为"兰若"，应该就是意指适合兰花生长的地方，而适合兰花生长的地方，自然也适合修行，可以净化性灵。古往今来的历代高僧大德，有不少就以兰修性。

禅是梵语"禅那"的简称，即为静虑，是制心一处、思维观修之义。"禅定"是由梵语"禅那"和"三摩地"意译的"定"的梵汉结合而成。禅，也是"禅定"的简称。由禅引申出来的禅语很多，诸如禅观、禅定、禅心、禅意、禅味、禅风、禅机、禅悟，以至禅诗、禅画等等。

禅是一种境界，一种体验。"如人饮水，冷暖自知"是觉者的境界。觉者就是佛，佛时时都在禅当中，佛的一举一动、一言一行无不是禅，所谓"行亦禅，坐亦禅，语默动静体安然"，这是觉者的生活。"那伽常在定，无有不定时"，这就是禅的境界。禅宗六祖如是说："外离相为禅，内不乱为定。外若着相，内心即乱；外若离相，心即不乱。本性自净自定，若见诸境，心不乱者，是真定也。"古代一位诗人描写了禅师在酷暑炎热时的感受：

人人避暑走如狂，独有禅师不出房。

可是禅师无热到，但能心静即身凉。

凉和热这种二元对立的状态不存在了，也就没有什么热或者不热的感觉了。

有位爱兰的禅者曾写过一篇《兰与涅》的文章。文章一开头就说："我爱兰。一个槛外人，难得用'爱'字。于兰，我是非用不可了。"他形容兰是"壮士的剑，美人的眉"；是"孺子的伙伴，长者的温馨，失望者的宽慰，得意者的宁静"。他以兰为伴的原因是兰"生而不凋，生而宁静，在幽幽的绿中矢志不渝，在盈盈的碧中质朴坚定。智慧藏于寂静，馨香寓于无嗅无闻"。他觉得，"我知兰，我爱兰，兰生我亦生，兰在我亦在。我与兰是一个乐章中的因与果，是一个乐句中的上句与下句，是一个天地中的阴阳。她酬答着我，我酬答着她。是同一种情的荡漾，是同一颗心的共振"。他体会到，"烦恼时我寻兰，兰令我欣慰；骄横时我寻兰，兰令我谦逊；欢乐时我寻兰，兰令我稳健；绝望时我寻兰，一种绿，一种生的欲望鼓舞畅流到我的神经末梢。兰不是令我厌世，兰令我涅槃"。

僧人也常以兰为题材写诗作画，以表达禅意。元代台州天竺寺高僧释宗衍有《题悬崖兰图》诗：

> 居高贵能下，值险在自持。
>
> 此石或可转，此根终不移。

云南广见和尚有《山居》七言诗：

> 年老山居不怯寒，还登顶峰采秋兰。
>
> 溪边野菜连根煮，客到烹茶雪一团。

佛教文化讲究和谐，绿色山水中点缀着黄色寺庙，悦耳的钟声和朗朗诵经声伴随阵阵幽香，这是一幅多么和谐安详的图画。

据有关专家考证，唐代末年，有一位浙江兰溪的僧人贯休，开始大量栽种兰花。他还写有一首兰花诗叫作《书陈处士屋壁》："有叟傲尧日，发白肌肤红。妻子亦读书，种兰清溪东。白云有奇色，紫桂含天风。即应迎鹤书，肯羡于洞洪。"贯体还在诗的自注中写道："处士有《种兰篇》"。据考，《种兰篇》成书于902年左右，比公认的我国最早的兰花专著《金漳兰谱》还要早330年，可见养兰历史之悠久。而浙江悠久的种兰史，说明了兰与佛早在佛文化兴盛的唐代就已经结缘。

在此之后，不少寺庙就专门辟有兰园，同时历代艺兰家中也不乏僧侣。至今仍传世的蕙兰名种"金赡梅"，就是由文思院翠峰和尚选育出的品种。创于唐元贞年间的广东汕头灵山寺，其镇寺之宝就是灵山寺壁兰，一直传世至今。

与此同时，还有很多与佛有关的咏兰诗出现。宋代苏辙有《答琳长老寄幽兰》一诗：

> 谷深不见兰生处，追逐微风偶得之。
>
> 解脱清香本无染，更因一嗅识真如。

意境高妙，暗藏禅机，令人神志为之一爽。清代扬州八怪之一的郑板桥也有《为侣松上人画荆棘兰花》一诗：

不容荆棘不成兰，外道天魔冷眼看。

门径有芳还有秽，始知佛法浩漫漫。

更是将兰作为佛的象征。在同样热衷于种兰的日本，"见兰悟禅"之说也有漫长的历史。所以说，兰与禅之间精神相通，意趣接近，有着解不开的因缘。"虽无艳色如娇女，自有幽香似德人。"兰花有静远之德，人在心神不宁或者躁动不安时赏兰，能使心灵逐渐平稳，继而变得清净通透，一种智慧也会在心中开放生长。佛家说的禅者，无非就是静、定、悟——静了、定了才能妙悟，人生的大智慧由此而来。贪心就是人心中的蒙尘之物，而"戒定慧"乃是医治贪心的最好妙方。内心清静了，安定了，心态就平和了，智慧就长出来了。养兰，其实就是感悟兰花那份淡泊清净本质的一个过程，让人在耳濡目染中走上戒污染、守定心的真善之路，争取修成人生的正果。

禅宗史上著名的晋迼禅师也是一个爱兰成痴者。在他任住持的禅院里，到处可见各种各样的兰花。前来进香的游人来到寺院听法，看到满架的兰花暗香四溢，都不由得赞叹不已，流连忘返。所以，人们将晋迼禅师叫作"兰花和尚"。

某日，晋迼禅师应邀去寺院外讲经说法。行前向一位弟子交代，要他好好照看兰花。弟子看护得很仔细，然而越是小心就越是出差错，他一不留神将一个兰花架子撞倒，整架的兰花轰然倒地，瓦盆破碎，花叶零落。这个弟子吓坏了，觉得大祸临头。他想师父一旦知道心爱之物被毁，一定会大为震怒。谁想到晋迼禅师回来后，听完弟子报告此事，只是平静地笑了笑说："你既然不是故意的，又知道了东西被毁不是一件好事情，以后自会用心做事，我还怪你什么？我的确喜欢兰花，视兰花为禅友。但我种植兰花的目的是为了供佛，为了调理心境，不是为了生气烦恼才种它。世事无常，转瞬即逝，有什么东西不灭不坏？我又怎会执迷于心爱的东西而不知割舍？这可不是咱们的禅门家风啊！"弟子听了晋迼禅师的一番话竟豁然开悟，在佛学上有所成就。

追求一份闲情逸趣，本是好事，但若陷于其中，往往会成为一种束缚。古时候有个和尚，为了参禅，一动不动。高人说："你这样为'禅'所累，又如何参得佛性？"每个人都知道自己生存于世界上，也知道存身于世的自己在做什么，只不过有的时候自己不愿意知道罢了。在滚滚红尘里翻滚腾挪，被瞬间起灭的荣辱得失摆弄得身心憔悴，到底什么时候才能濯洗污浊，用什么办法才能冷却骄躁？还是一位老兰友说得好："其实，与兰共处一室，一起活着，兰花养着我，我养着兰花；人能快乐，兰能开花，一切便是那么好。倘若一辈子只能说一句话，我想我必不能说话，只想学盆中兰草那样，开一次花足矣。"

"一花一世界，一草一乾坤。"在宁静与淡泊之中，将自我与自然融为一体，一个人和一朵兰花的交流，也就等同于他与大千世界的往复交流，在这其中，他领悟到本心清净、一切皆空的幽玄禅理。在现代社会里，你能不能做一个空心澄虑、本心清净的人？就让兰草做一个美丽的花之媒吧。

第三节 兰辞幽韵

千百年来，人们对兰花或赞之以诗，或绘之以画，或倾之以情，从而形成源远流长的中国兰文化。中国兰文学尤以古代诗词最为典型，兰花以其摇曳的风姿、幽香的花朵、崇高的品格历来都为文人所称颂。一千多年前，唐代大诗人白居易这样论诗：

一七令·诗

唐·白居易

诗，

绮美，瑰奇。

明月夜，落花时。

能助欢笑，亦伤别离。

调清金石怨，吟苦鬼神悲。

天下只应我爱，世间惟有君知。

······

饮酒诗

晋·陶潜

幽兰生前庭，含薰待清风。

清风脱然至，见别萧艾中。

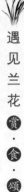

行行失故路，任道或能通。

觉悟当念还，鸟尽废良弓。

注释：薰：香气。脱然：轻快的样子。萧艾：指杂草。行行：走着不停。失：迷失。故路：旧路，指隐居守节。"失故路"指出仕。任道：顺应自然之道。鸟尽废良弓：《史记·越王勾践世家》："蜚（飞）鸟尽，良弓藏。"比喻统治者于功成后废弃或杀害给他出过力的人。

赏析：此诗作于陶渊明看破东晋黑暗，辞官隐退之时。陶渊明在偏僻山村，没有世俗侵扰，时常醉酒之后反而诗兴大发，胡乱扯出一张纸，书写感慨，等到第二天清醒后，再修改润色。写好的诗稿越积越厚，于是让老朋友帮忙整理抄录，一共得到20首诗，陶渊明把这一组诗题为《饮酒二十首》。

这首诗作者以幽兰自喻，以萧艾喻世俗，表现自己清高芳洁的品性。诗末以"鸟尽废良弓"的典故，说明自己的归隐之由，寓有深刻的政治含义。表现了陶渊明高洁傲岸的道德情操和安贫乐道的生活情趣。

古风·兰花诗

唐·李白

孤兰生幽园，众草共芜没。

虽照阳春晖，复悲高秋月。

飞霜早淅沥，绿艳恐休歇。

若无清风吹，香气为谁发？

注释：芜：形容草杂乱的样子。没：埋没，淹没。高秋：即深秋。淅沥：象声词，形容雪落的声音。绿艳：指兰的叶和花。此处以修饰词代中心词。

赏析：此诗为李白《古风》组诗五十九首中第三十八首，大约作于李白应诏入长安的第二年秋天，此时由于高力士等人的挑拨、污蔑，唐玄宗开始疏远李白，从而使李白渐渐感受到冷遇的凄凉。"若无清风吹，香气为谁发"，此联佳妙，大有知音去，宝瑟焚的感觉。

咏兰诗

唐·李白

为草当作兰，为木当作松。

兰秋香风远，松寒不改容。

赏析： 此诗是李白的《于五松山赠南陵常赞府》的前四句，以兰松怀抱操节相同来说明物以类聚，人以群分的道理。

听幽兰

唐·白居易

琴中古曲是幽兰，为我殷勤更弄看。

欲得身心俱静好，自弹不及听人弹。

问 友

唐·白居易

种兰不种艾，兰生艾亦生。

根荄相交长，茎叶相附荣。

香茎与臭叶，日夜俱长大。

锄艾恐伤兰，溉兰恐滋艾。

兰亦未能溉，艾亦未能除。

沉吟意不决，问君合何如。

感 遇

唐·张九龄

兰叶春葳蕤，桂华秋皎洁。

欣欣此生意，自尔为佳节。

谁知林栖者，闻风坐相悦。

草木有本心，何求美人折。

注释： 兰：此指兰草。葳（wei）蕤（rui）：枝叶茂盛。桂华：桂花，"华"同"花"。生意：生机勃勃。自尔：自然地。佳节：美好的季节。林栖者：山中隐士。闻风：闻到芳香。坐：因而。本心：天性。美人：指林栖者。

兰 溪

唐·杜牧

兰溪春尽碧泱泱，映水兰花雨发香。

楚国大夫憔悴日，应寻此路去潇湘。

注释： 兰溪：蕲水别名。流经黄州城东七十里兰溪镇，即杜牧所游处。

泱泱：广阔，无边际。楚国大夫：指屈原，屈原曾任楚国的三闾大夫。

幽 兰

唐·崔涂

幽植众宁知，芬芳只暗持。

自无君子佩，未是国香衰。

白露沾长早，春风到每迟。

不如当路草，芬馥欲何为。

注释： 宁：岂，难道。国香：极香的花。《左传·宣公三年》："以兰有国香，人服媚之如是。"后因称兰为国香。白露：秋天的露水。《诗经·国风·蒹葭》："蒹葭苍苍，白露为霜。"沾：浸湿，浸润。

赏析： 诗称兰花为"幽植"，即娴静秀逸的花草。她既不为世俗欣赏，更不屑于迎合浅陋的趣味，做媚俗之举，宁愿寂寞自处，清芬自守，保持自己的高洁。首联，在兰花的众所难知的美中，突出了她的"芬芳暗持"。次联即由此生发，说兰花遭此冷遇，并不是因为国香衰减，只是由于没有君子来佩戴她罢了。这里，继"众宁知"的慨叹之后，又进一步写出了国香未衰，君子难逢的怅恨。作者指出了一种常见的现象：真正的美得不到认识。人们的审美价值观竟然有这样的差异！所以，曹植笔下的美女的处境是："盛年处房室，中夜起长叹！"杜甫笔下的佳人的处境是："天寒翠袖薄，日暮倚修竹。"（《佳人》）辛弃疾"众里寻他千百度"的理想中的情人，"却在灯火阑珊处"（《青玉案》）。这种现象，引起了千古才人异口同声地叹恨："佳人慕高义，求贤良独难！众人徒嗷嗷，安知彼所观？"（曹植《美女篇》）一、二两联蓄势甚足，三、四两联便如开闸之水，奔泻而出。寒冷的秋露过早地洒落，迟到的春风何时才能吹来呢？这样下去，兰花还不如路边的野草，岂不是白白辜负了那暗持的芬芳，未衰的国香吗？尽管芳泽馥郁，又有何用呢？一个"早"字，写出了兰花不禁霜露、难耐摧折的柔弱情状，一个"迟"字，写出了兰花对春风吹拂、嫩芽竞抽的美好时日的殷切期待。"芬馥"二字，回顾上文，却续之以"欲何为"三字，一笔抹倒。这样，最有价值的美，由于约束在荒谬的价值观的圈子里，变得毫无价值。从兰花的悲剧性的结局中，表现出诗人的痛惜。

卜算子·兰

北宋·曹组

松竹翠萝寒，迟日江山暮。幽径无人独自芳，此恨凭谁诉？

似共梅花语，尚有寻芳侣。著意闻时不肯香，香在无心处。

赏析：上片起首一句写兰花幽处深谷，与松竹翠萝为伴，先从境地之清幽着笔。迟日，指和煦的春日。此句用杜甫《绝句二首》之一"迟日江山丽"，但易"丽"为"暮"，即化艳阳明丽之景为苍茫淡远之意，令人想见空山暮霭中的幽兰情韵，浑然天成，语如已出。

三、四两句描写兰花的芳馨无人领略，其芳心幽恨之欲诉无由亦可想而知。这两句既有孤芳自赏、顾影自怜的意味，也透露出知音难觅的惆怅。这里作者借花寓意，抒写志节坚芳而寂寞无闻的才人怀抱。

"似共梅花语，尚有寻芳侣"说的是既然无人欣赏芳馨，这脉脉的幽兰似乎只有梅花才堪共语了，但寂寞的深山中，也许还有探寻幽芳的素心人吧？与梅花共语，是抒其高洁之怀。古人称松、竹、梅为"岁寒三友"，以喻坚贞高洁的节操。此词开头写"松竹翠萝寒"，已点出松、竹，这里又写与梅花共语，正以"岁寒三友"来映衬幽兰坚芳之操。然而作者又复寄意于人间的"寻芳侣"，这也是古代知识分子渴望得到甄拔而见用于时的心声。"著意闻时不肯香，香在无心处"，是全词的警句，写出幽兰之所以为幽兰的特色，其幽香可以为人无心领略，却不可有意强求。

此词既写出了幽兰淡远清旷的风韵，又以象征、拟人和暗喻手法寄托作者对隐士节操的崇仰，流露出词人向往出世、归隐的心志。

兰

南宋·陆游

南岩路最近，饭时已散策。

香来知有兰，遽求乃弗获。

生世本幽谷，岂愿为世娱。

无心托阶庭，当门任君锄。

注释： 遽：读jù，急。弗：读fú，不。

藏春峡

宋·陈璀

花落花开蝶自忙，琴闲书札日偏长。

我来不为看桃李，只爱幽兰静更香。

浣溪沙·游蕲水清泉寺

宋·苏轼

山下兰芽短浸溪，松间沙路净无泥。

潇潇暮雨子规啼。谁道人生无再少？

门前流水尚能西！休将白发唱黄鸡。

注释：浣溪沙：词牌名。蕲水：县名，今湖北浠水县。清泉寺：寺名，在蕲水县城外。短浸溪：指初生的兰芽浸润在溪水中。潇潇：一作"萧萧"，形容雨声。子规：杜鹃鸟，相传为古代蜀帝杜宇之魂所化，亦称"杜宇"，鸣声凄厉，诗词中常借以抒写羁旅之思。无再少：不能回到少年时代。白发：老年。唱黄鸡：白居易在《醉歌示妓人商玲珑》一诗中，称"黄鸡催晓""白日催年"，人就是在黄鸡的叫声、白日的流动中一天天变老的，因此他慨叹"腰间红绶系未稳，镜里朱颜看已失"。苏轼在这里反其意而用之："休将白发唱黄鸡"。

赏析：苏东坡为人胸襟坦荡旷达，善于因缘自适。他因诗中有所谓"讥讽朝廷"语，被罗织罪名入狱，"乌台诗案"过后，于1080年2月被贬到黄州。此词上阕三句，写清泉寺幽雅的风光和环境沁人心脾，诱发诗人爱悦自然、执着人生的情怀。环境启迪，灵感生发。于是词人在下阕迸发出使人感奋的议论。正如古人所说："花有重开日，人无再少年。"这是不可抗拒的自然规律。然而，在某种意义上讲，若有老当益壮，自强不息的精神，往往能焕发出青春的光彩。在贬谪生活中，能一反迟暮的低沉之调，唱出如此催人自强的歌曲，体现出苏轼执着生活、旷达乐观的性格。

题杨次公春兰

宋·苏轼

春兰如美人，不采羞自献。

时闻风露香，蓬艾深不见。

丹青写真色，欲补离骚传。

对之如灵均，冠佩不敢燕。

注释： 蓬艾：泛指丛棘荒草。丹青：丹和青为中国古代绘画常用的两种颜料，故以此代指绘画。真色：真正的面貌，形容画得逼真。离骚：战国时期楚国诗人屈原作的《楚辞》篇名，文中多次写到兰花。灵均：即屈原。冠佩：把花戴在头上或佩在身上。燕：轻慢，亵渎。

题杨次公蕙
宋·苏轼

蕙本兰之族，依然臭味同。

曾为水仙佩，相识楚词中。

幻色虽非实，真香亦竟空。

发何起微馥，鼻观已先通。

注释： 鼻观：鼻孔，指嗅觉。

答琳长老寄幽兰白术黄精三本二绝（节选）
宋·苏辙

公浑不见兰生外，谁诼微风偶得之

解脱清香本无染，更因一嗅识真如。

注释： 真如：佛教用语，意思是真实如常，指万物的根源。

兰
宋·朱熹

谩种秋兰四五茎，疏帘底事太关情。

可能不作凉风计，护得幽兰到晚清。

浒以秋兰一盆为供
宋·戴复古

吾儿来侍侧，供我一秋兰。

萧然出尘姿，能禁风露寒。

移根自岩壑，归我几案间。

养之以水石，副之以小山。

俨如对益友，朝夕共盘桓。

清香可呼吸，薰我老肺肝。

不过十数根，当作九畹看。

第四章 颂扬兰花

皇后阁端午贴子词五首其四

宋·真德秀

晓来金殿沐兰汤，因感骚人兴寄长。

重劝君王勤采善，由来香草比忠良。

记小圃花果二十首其一·兰花

宋·刘克庄

清旦书窗外，深丛茁一枝。

人寻花不见，蝶有鼻先知。

午酌对盆兰有感

宋·陈著

山中酒一樽，樽前兰一盆。

兰影落酒卮，疑是湘原魂。

乘醉读离骚，意欲招湘原。

湘原不可招，桃李花正繁。

春事已如此，难言复难言。

聊借一卮酒，酹此幽兰根。

或者千载后，清香满乾坤。

注释：卮（zhī）：古代的一种酒器。酹（lèi）：以酒浇地，表示祭奠。

买 兰

宋·方岳

几人曾识离骚面，说与兰花枉自开。

却是樵夫生鼻孔，担头带得入城来。

感寓二首·其一

元·曹之谦

中林有幽兰，罗生杂众草。

地僻人不知，芬芳空自好。

严霜凋古木，岁晚难独保。

愿充君子佩，探撷尚未早。

安得清风来，吹香出林表。

拟古十首·其六

金·张建

庭前兰蕙窠，三年种不成。

门外旱蒺藜，一旦还自生。

第恐伤我足，锄去根与萌。

如何一雨后，走蔓复纵横。

题信以春兰秋蕙二首·其一

元·揭傒斯

深谷媛云飞，重岩花发时。

非因采樵者，那得外人知。

题信以春兰秋蕙二首·其二

元·揭傒斯

幽丛不盈尺，空谷为谁芳。

一径寒云色，满林秋露香。

兰

元·郑允端

并石疏花瘦，临风细叶长。

灵均清梦远，遗佩满沅湘。

注释：沅湘：沅水和湘水的并称。

题赵子固墨兰

元·韩性

镂琼为佩翠为裳，冷落游蜂试采香。

烟雨馆寒春寂寂，不知清梦到沅湘。

题郑所南兰

元·倪瓒

秋风兰蕙化为茅，南国凄凉气已消。

只有所南心不改，泪泉和墨写离骚。

兰

元·倪瓒

兰生幽谷中，倒影还自照。

无人作妍媛，春风发微笑。

仲穆墨兰

元·张雨

滋兰九畹空多种，何似墨池三两花。

近日国香零落尽，王孙芳草遍天涯。

兰

元·宋无

分向湖山伴野蒿，偶并香草入离骚。

清名悔出群芳上，不入离骚更自高。

古 诗

五首·其四

明·周蜚

狞兰生中谷，不采恒自香。

园丁亦何知，掇置近中堂。

朝培根愈萎，暮沃叶已黄。

将养虽以时，物性终见伤。

题子昂兰竹图

元·吴师道

湘娥清泪未曾消，楚客芳魂不可招。

公子离愁无处写，露花风叶共萧萧。

咏 兰

元·余同麓

手培兰蕊两三栽，日暖风和次第开。

坐久不知香在室，推窗时有蝶飞来。

咏兰

元·余同麓

百草千花日夜新，此君竹下始知春。

虽无艳色如娇女，自有幽香似德人。

着色兰

明·张羽

芳草碧萋萋，思君漓水西。

盈盈叶上露，似欲向人啼。

咏兰叶

明·张羽

泣露光偏乱，含风影自斜。

俗人那解此，看叶胜看花。

咏兰花

明·张羽

能白更兼黄，无人亦自芳。

寸心原不大，容得许多香。

兰 花

明·文嘉

奕奕幽兰傍砌栽，紫茎绿叶向春开。

晚晴庭院微风发，忽送清香度竹来。

兰 花

明·孙克弘

空谷有佳人，倏然抱幽独。

东风时拂之，香芬远弥馥。

注释：倏：读shū，极快地；忽然。

兰 花

明·薛网

我爱幽兰异众芳，不将颜色媚春阳。

西风寒露深林下，任是无人也自香。

155

兰 石

明·李肇亨

蓦然香来我自知，山斋半雨半晴时。
却思摩诘黄磁斗，曾向春前发几枝。

画 兰

明·李日华

懊恨幽兰强主张，花开不与我商量。
鼻端触着成消受，着意寻香又不香。

兰

明·陈汝言

兰生深山中，馥馥吐幽香。
偶为世人赏，移之置高堂。
雨露失天时，根株离本乡。
虽承爱护力，长养非其方。
冬寒霜雪零，绿叶恐雕伤。
何如在林壑，时至还自芳。

注释：馥馥：形容香味很大。

画 兰

明·董其昌

绿叶青葱傍石栽，孤根不与众花开。
酒阑展卷山窗下，习习香从纸上来。

写 兰

明·景翩翩

道是深林种，还怜出谷香。
不因风力紧，何以度潇湘。

兰 石

明·朱耷

王孙书画出天姿，恸忆承平鬓欲丝。
长借墨花寄幽兴，至今叶叶向南吹。

156

注释：朱耷（1626—约1705），明末清初画家，中国画一代宗师。字刃庵，号八大山人、个山、驴屋等，江西南昌人。明宁王朱权后裔。明亡后削发为僧，后改信道教，住南昌青云谱道院。

咏幽兰

清·爱新觉罗·玄烨

婀娜花姿碧叶长，风来难隐谷中香。

不因纫取堪为佩，纵使无人亦自芳。

咏 怀

清·程樊

兰为王者香，芬馥清风里。

从来岩穴姿，不竞繁华美。

题画兰二首

清·潘遵祁

读罢离骚思惘然，夜凉清梦落琴边。

不知寂寞湘江上，可有幽人枕石眠。

绝代幽姿压丛芳，肯随红紫媚春阳。

饶他绮石黄磁斗，不及空山自在香。

折枝兰

清·郑板桥

多画春风不值钱，一枝青玉半枝妍。

山中旭日林中鸟，衔出相思二月天。

题画·山顶妙香

清·郑板桥

身在千山顶上头，突岩深缝妙香稠。

非无脚下浮云闹，来不相知去不留。

赏析：郑板桥画兰竹师法陈古白、郑所南，以画和题诗表达自己的思想感情。这首画兰题诗，歌咏兰的高洁风骨。

山顶妙春图　清　郑板桥

　　"身在千山顶上头，突岩深缝妙香稠。"一开头就描绘兰花挺立于千山之上，扎根在岩缝之中，散郁香于幽谷的形象，歌颂其傲岸不羁，不同凡俗的君子之风。作者将兰人格化了，兰成了他的美学对象。它傲岸不屈，不喜炎凉；它扎根深岩，独立不迁；它独放幽香，不与群芳斗妍，它是君子的象征。

　　"非无脚下浮云闹，来不相知去不留。"此处以山上浮云来去无定，变化莫测的形象比喻世俗之风。"浮云闹"三字，表明其"闹"得声势再大，也不过是过眼烟云而已，且休去管它。"来不相知去不留"既写出君子与世俗毫无相通相知之处，而且不受其丝毫影响，颇有我行我素之态。这两句表达了作者豁达的心胸与卓越的识见。

　　郑板桥以高洁傲岸，独立不羁，不与世俗同流为美，故在兰的形象上赋予它特有的美学意义。另外，他以顺应自然为美，反对束缚天性，禁锢个性。故他赞美生长在"突岩深缝"中的兰。

　　全诗的重点在后两句，可以对照五柳先生陶渊明的"结庐在人境，而无车马喧。问君何能尔？心远地自偏"来理解。

高山幽兰

清·郑板桥

千古幽贞是此花，不求闻达只烟霞。

采樵或恐通来路，更取高山一片遮。

题画兰

清·郑板桥

兰草已成行，山中意味长。

坚贞还自抱，何事斗群芳。

题兰花图

清·郑板桥

九畹兰花江上田，写来八畹未成全。

世间万事何时足，留取栽培待后贤。

题兰花图

清·郑板桥

竹石萧疏又写兰，春风江上解春寒。

不须红紫夸桃李，秀色如君尽可餐。

题兰花图

清·郑板桥

素心花赠素心人，二月风光是好春。

他日老夫归去后，对花犹想旧情亲。

题盆兰图

清·郑板桥

买块兰花要整根，神完力足长儿孙。

莫嫌今岁花犹少，请看明年花满盆。

题破盆兰花图

清·郑板桥

春雨春风写妙颜，幽情逸韵落人间。

而今究竟无知己，打破乌盆更入山。

159

赏析：本诗对于兰花的叙写，既表现了郑板桥的美学标准，又借兰花抒发了他知音难觅的慨叹和追求个性解放的精神。

首句写兰花是美妙的大自然创造的。"春雨春风"强调了大自然的美妙、轻柔、和谐，"写妙颜"的"写"是创造之意。"妙颜"颂兰花的容颜美妙。次句"幽情逸韵"是上句"妙颜"的具体化。兰花美的特点在于它具有幽深、高雅的美，具有飘逸超俗的风韵，而不浅薄卑俗。他认为兰花是屈原、宋玉笔下的产物，具有高风亮节的特点，说"屈宋文章草木高，千秋兰谱压风骚"（《题画·兰》之一）。正因为兰花具有高雅超逸的美，因此不为世俗浅薄

兰花图　清　郑板桥

的人们欣赏，故对于兰花的"如何烂贱从人卖，十字街头论担挑"（《题画·兰》之一）的不幸遭遇，他是极为感慨的。

后两句表现了兰花的反抗精神。前句写高雅幽贞的兰花知音很少，后句写它冲破一切束缚，重返大自然怀抱，从而表现了要求个性解放的思想。他在另一首《题破盆兰花》中亦表现过这一主题："春雨春风洗妙颜，一辞琼岛到人间；而今究竟无知己，打破乌盆更入山。"

这首诗采用象征手法，颂兰花的节、香、风骨，实是借花喻人，以兰花象征高风亮节的人，借兰花抒写作者的襟抱，表现作者脱俗不羁的个性。

题墨兰图

清·郑板桥

乌衣子弟何其盛，酷似南朝王谢家。

百种老人多种德，自然九畹尽开花。

题兰

清·郑板桥

买得沙壶花正开，化为空谷不凡材。

耳闻鼻嗅同心语，先在王朝御史台。

题盆兰

清·郑板桥

既入芝兰之室，岂无廊庙之材。

虽然盆壶瓦罐，宜与细做粗胎。

题兰

清·郑板桥

兰花几箭又添芝，何处寻来问画师。

总为一身心上寻，果然培得自然知。

题兰竹图

清·郑板桥

挥毫已写竹三竿，竹下还添几笔兰。

总为本源同七穆，欲修旧谱与君看。

题盆兰竹枝图

清·郑板桥

画得盆花蕙草新，春风已过有余春。

折来数片新篁叶，好为名葩小拂尘。

题兰竹

清·郑板桥

几笔新篁几笔兰，芳条翠叶碧琅玕。

老夫本是琼林客，只画春风不画寒。

题兰竹

清·郑板桥

半边修竹半边兰，碧叶清芬满近山。

总是一团春夏意，略无秋气杂其间。

题兰竹图

清·郑板桥

日日红桥斗酒卮，家家桃李艳芳姿。

闭门只是栽兰竹，留得春光过四时。

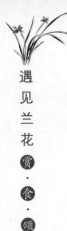

第四节　诗情画意

如果说诗是一幅有声的画，那么画就是一首无声的诗。兰花绘画始于北宋，任谊、米芾等都曾画兰，可惜已失传。目前保存的最早的兰花画是北宋宫廷画家的蕙兰水彩工笔纨扇画。现今保存在世界各国博物馆的兰花画卷至少有明代11位画家的33幅和清代32位画家的101幅。

汉族传统绘画是用毛笔蘸水、墨、彩作画于绢或纸上，这种画被称为"中国画"，简称"国画"，为我国传统绘画。工具和材料有毛笔、墨、国画颜料、宣纸、绢等，题材可分人物、山水、花鸟等，技法可分工笔和写意，它的精神内核是"笔墨"。

中国画是融诗文、书法、篆刻、绘画于一体的综合艺术，这是中国画独特的艺术传统。诗文、书法和绘画的结合，历来有"三美"和"三绝"之称，题款，就是实现诗文、书法、篆刻与绘画相结合的艺术形式。中国画的题款，包含"题"与"款"两方面的内容：在画面上题写诗文，叫作"题"。题画文字按体裁上分为题画赞、题画诗（词）、题画记、题画跋、画题等。在画上记写年月、签署姓名、别号和钤盖印章等，称为"款"。题款不仅要求诗文精美，同时也要求书法精妙，因此，题款必须在文学和书法上同时具备较高的修养。一般书年号用中国干支纪年。

诗画联姻，画不能尽其意，借诗以名其意；诗不能着其形，泼墨以绘其形。这种题在画上的诗，就叫题画诗。

俗话说："诗工而书，书工而画，以诗为魂。"无诗的书法，脱不了匠气与俗浮，无诗的画亦然。只有书中有诗，诗中有画，画中有诗，使诗、书、画三者之美，极为巧妙地结合起来，相互映衬，多姿多彩，既是画龙点睛，又是锦上添花。这是一种独特的相互托衬融合的艺术形式，一直传承至今。

在中国画中兰花主要有双沟兰、墨兰两种画法。古人云："竹一生，兰半世。"这说明要把兰、竹画好确非易事。兰花的生态结构及其色彩变化，若与其他花卉相比，确实单纯、简洁得多，乍看无非是几根点线的交织与分布。但因"简洁"又必须笔笔见功夫，难有藏拙之处。因此说，画兰的难度并不亚于画竹。而郑燮一生的画题只有兰、竹、菊、石几种，尤以兰、竹为最。兰叶之妙以焦墨挥毫，借草书中之中竖，长撇运之，多不乱，少不疏，脱尽时习，秀劲绝伦。书亦有别致，隶、楷参半，自称"六分半书"。

一、郑燮作品

画家小传：郑燮（1693—1765），字克柔，号板桥，又号板桥道人，江苏兴化人，是中国历史上著名的思想家、文学家和艺术家，清代扬州画派的杰出人物，扬州八怪之一，以画兰、竹著称，流传至今的兰诗、兰画有近百件，当属我国古代写兰诗最多、画兰最多的艺术家之一。他的诗、书、画被誉为"三绝"，其"三绝"之中又达到了"三真"境界："曰真气，曰真意，曰真趣。"在文学史和美术史上均有崇高的地位。自称："凡吾画兰、画竹、画石，以慰天下之劳人，非为供天下之安享人也。""衙斋卧听萧萧竹，疑是民间疾苦声。些小吾曹

郑燮像

州县吏，一枝一叶总关情。"郑板桥的诗文沉着痛快，内容充实，一反清初一些文人的诗文过分强调神韵格调而轻视内容的倾向。郑板桥诗词现存500余首，这些诗词都是"横涂竖抹千千幅，墨点无多泪点多"的感人极深的作品。郑燮有一方经常使用的印章，印文为"康熙秀才，雍正举人，乾隆进士"12个字，说的就是他这一生读书奋斗的经历，他先后任地方官达12年之久，后得罪上司，丢掉官职。

郑板桥无官一身轻，再回到扬州卖字画，身价已与之前大不相同，求之者多，收入颇为可观。作诗曰："日卖百钱，以代耕稼。实救困贫，托名风雅。"为此，他绝不避讳自己写字作画是为了谋生，创作须适应买者之需，卖画要依赖商人，他在为一富商画兰后题下诗句："写来兰叶并无花，写出花枝没叶遮。我辈何能构全局，也须合拢作生涯。"甚至张榜润格，公开表明自己职业画家的身份，强烈地冲击了陈旧的雅俗观，成为中国画家明码标

价卖画的第一人。"大幅六两，中幅四两，小幅二两，条幅对联一两，扇子斗方五钱。凡送礼物食物，总不如白银为妙；公之所送，未必弟之所好也。送现银则心中喜乐，书画皆佳。礼物既属纠缠，赊欠尤为赖账。年老体倦，亦不能陪诸君作无益语言也。"还在最后附了一首诗："画竹多于买竹钱，纸高六尺价三千。任渠话旧论交接，只当秋风过耳边。"明明是俗不可耐的事，但出诸板桥，转觉其俗得分外可爱，正因他是出于率真。他的作品也是有雅有俗，俗中见雅，雅俗共赏。

板桥绘画，学于现实，博采众长，自成风格。郑板桥一生只画兰、竹、石，自称"四时不谢之兰，百节长青之竹，万古不移之石，千秋不变之人"。究其原因，板桥云："盖以竹干叶皆青翠，兰花亦然，色相似也；兰有幽芳，竹有劲节，德相似也；竹历寒暑而不凋，兰发四时而有蕊，寿相似也。""一竹一兰一石，有节有香有骨。"可见，郑板桥画兰、竹、石，咏兰、竹、石，是为了歌颂"节""香""骨"，是为了抒发情性，表达他的美学标准。

1. 兰竹图

（1）名画档案

题跋：平生爱所南先生及陈古白画兰竹，既又见大涤子画石，或依法皴，或不依法皴，或整或碎，或完或不完。遂取其意，构成石势，然后以兰竹弥缝其间。虽学出两家，而笔墨则一气也。宏翁同学老长兄善品题书画，故就正焉。板桥郑燮。

钤印：乾隆东封书画史（白文）、歌吹古扬州（朱文）。

立轴，纸本水墨，纵178厘米，横102厘米，扬州博物馆藏。

（2）作品赏析

《兰竹图》以半幅面作一巨大的倾斜峭壁，

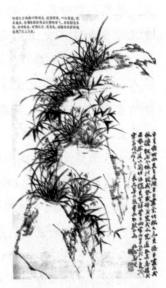

兰竹图

有拔地顶天、横空出世之势。峭壁上有数丛幽兰和几株箭竹，同根并蒂，相参而生，在碧空中迎风摇曳。画面布局十分严谨，石、兰、竹三者组织安排得完美和谐。以石为龙脉，把一丛丛分散的兰竹有机地统贯一气，显得既严整而又富于变化。壁岩以放染间施的笔法运筹，空白以见平整，峰峻以显倔巍，用笔用墨用水，都恰到好处地显示了元气凝结的峭岩体势。浓墨劈兰撇竹，兰叶、竹叶偃仰多姿，互为穿插呼应，气韵俨然，疏枝劲叶，极为醒目。从画中可以看出，作者画石、兰、竹确实取法于古人，所以有郑所南的峭拔，有陈白阳的潇洒，又有石涛的沉雄秀发，但却没有全部接承，而是"十分学七要抛三"，形成了自己苍劲挺拔、磊落脱俗的独特风格，给人一种清高拔俗、自然天成的趣味。作者把中国的书法用笔与绘画用笔巧妙地融为一体，以草书中竖长撇法运笔，秀劲绝伦，塑造了生动的艺术形象，达到了神形兼备的效果。

郑板桥的画学徐渭、八大山人等，且强调的是"入世"精神，他认为"大丈夫不能立功天地，滋养生民，而以区区笔墨供人玩好，非俗事而何？"应"慰天下之劳人"。在创作手法上，郑板桥主张意在笔先。他画竹不拘泥于成局之法，从"眼中之竹"到"胸中之竹"，最后为"手中之竹"。其画兰，"兰叶用焦墨挥毫，以草书的中竖长撇法为之，脱尽时习"，使得所画的兰叶极像书法用笔的撇捺，书法味道极浓；观其字，所作隶书、楷书的竖笔都好似他所画的竹竿，隶书的横笔则似一节一节的竹节。可以说，郑板桥所画的兰竹是抽象、变形的书法。在前人多强调以书法之法作画的基础上，他另有创新之处——以画法作字，一些象形字意特别强烈的，更是以画意形之。他不断地探索和创新，从而使他的绘画艺术达到了出神入化的地步。他曾说："三十年来画竹枝，日间挥写夜间思。冗繁削尽留清瘦，画到生时是熟时。"郑板桥学习传统而又反对泥古，师从自然，这也正是他的作品中透有灵气的根本。"画到天机流露处，无今无古寸心知。"他的作品富有思想性、创造性、战斗性，把深刻的思想内容与完美的艺术形式较好地统一了起来。他的兰竹画是寄托思想情绪和抒发胸臆的途径，是他身处逆境中所持坚韧性格的写照。清诗人蒋士铨有诗赞郑板桥的画："板桥作字如写兰，波磔奇古形翩翻。板桥写兰如作字，秀叶疏花见姿致。"（注释：波磔［zhé］：泛指书法的笔画。左撇曰波，右捺曰磔。）

2. 兰草图

（1）名画档案

题跋：九畹兰花自千古，兰花不足蕙花补。何事荆榛夹杂生，君子容之更何忤。

钤印：潍夷长（白文）、郑燮之印（白文）、板桥道人（白文）。

165

立轴，纸本墨笔，纵148.5厘米，横46.5厘米，私人藏。

（2）作品赏析

《兰草图》整幅划分三段式构图，三段斜线。用浓墨中锋画出叶子的舒展潇洒，兰叶走向大体上都朝左，与整个构图的趋势相呼应，左下角一丛兰与其他兰的走向不一样，在视觉上给人平衡之感，叶子也是有疏有密，穿插得当。每一笔的结构都交代得十分清楚。兰叶最难画，也最能体现出画家的功底。要求画家手腕和手指都能够十分灵活地控制笔，使之运用自如，笔随心动。每片叶子都是一笔完成，然而每笔中又有粗细之分，有弯转之姿，有快慢之势，而且水分充足，墨色饱满，画出了兰叶的柔韧劲挺与恣意。

兰草图

关于画兰，郑板桥也总结了许多相关的言论。其言"画兰之法，三枝五叶"，又说"叶自短，花自长""叶长花则少，叶少花则多。万事有余不足，英雄豪杰如何"。所以郑板桥常喜欢画花比叶子高的兰花，他认为只有叶子短才能衬托出花的长，才能体现花的力度。兰花叶短而有力，花劲而秀逸，一片繁荣茂盛之景。

3. 兰竹荆棘图

（1）名画档案

题跋：不容荆棘不成兰，外道天魔冷眼看。看到鱼龙都混杂，方如佛法浩漫漫。侣公大和上政。板桥郑燮。乾隆二十二年建子月。

钤印：郑燮之印（白文）、乾隆东封书画史（白文）、多处菩提结善缘（白文）（余略）。

立轴，纸本墨笔，纵178厘米，横110.3厘米，常州市博物馆藏。

（2）作品赏析

《兰竹荆棘图》是郑板桥为侣松和尚所画，从题跋中得知，图上所画荆、兰有着深刻的寓意，以兰花喻君子，荆棘喻卫士，还将兰花比

兰竹荆棘图

作社稷，荆棘比作护卫江山社稷的将士，使画中蕴含一种特殊的意境和哲理。郑板桥用佛家包容世间万物的角度去看待荆棘，认为客观世界都是矛盾统一的，正如黑与白、阴与阳、喜与哀一样，所以兰、竹和荆棘也能共存，能出现在同一画面上。可见，在郑板桥心中，世间万物各有其性，各有美德，都是平等的。这既是郑板桥"怒不同人"思想的体现，也是他自然主义思想和人道主义思想的反映。他曾在《荆棘丛兰图》上题道："满幅皆君子，其后以棘刺终之，何也？ 盖君子能容纳小人，无小人亦不能成君子。故棘中之兰，其花更硕茂矣。"可以得知，郑板桥并不局限以兰喻君子，以荆棘喻小人的观点，认为这些都不足以概括丛兰和荆棘的全部内容。荆棘其实也可以成为护兰的卫士，是"如国之爪牙，王之虎臣"。因为在深山幽谷中，兰会受到动物（如老鼠、麋鹿、虎豹等）的啃噬和践踏，遭到砍柴人的拔割，如果有荆棘为其守护，这些祸害就可以减小不少，丛兰也能得以更好地生存。所以，此画中兰花占十分之六，荆棘占十分之四，以表现世间万物都是相互依存的关系。

4. 墨兰图

（1）名画档案

题跋一：乾隆癸酉十二月二十有五日为粹卤张道友写兰。板桥居士郑燮。

题跋二：素心兰与赤心兰，总把芳心与客看，岂是春风能酿得，曾经霜雪十分寒。板桥又题。

钤印：郑燮之印（白文）、扬州兴化人（白文）（余略）。

立轴，纸本墨笔，116厘米，横58.5厘米，故宫博物院藏。

（2）作品赏析

郑板桥与历来的文人墨客一样，喜欢以兰自喻，表现自己"露寒香冷""不求闻达"的高尚情操。因而，他笔下之兰赋有了传统的高雅之质。他在《墨兰图》中写道："素心兰与赤心兰，总把芳心与客看。岂是春风能酿得，曾经霜雪十分寒。"又在《兰蕙空缸》中写道："兰蕙种种要栽盆，无数英雄挤破门。不如画个空缸在，好与山人做酒

墨兰图

第四章 颂扬兰花

樽。"这些都反映出他笔下的兰多绝俗清高的气质，也多巾帼的豪爽之气。他还以兰自喻，题云："风虽狂，叶不扬，品既雅，花亦香。问是谁与友，是我郑大郎。友他在空谷，不喜见炎凉。"来表现其俊逸风流之性。他又说："兰花质性太清幽，卖与人间不自由。好将竹枝兼石块，故交相伴免春愁。"以表达自身的痛苦和寂寞之情。郑板桥通过手中的画笔，描写拟人化的兰，使兰成为表情达意的符号，以及自身品行的代言。

5. 兰竹盆花图

（1）名画档案

题跋：画得盆花蕙草新，春风已过有余春。折来数片新篁叶，好为名葩小拂尘。卫老年学兄正。板桥郑燮。

钤印：郑燮之印（白文），俗吏（朱文）（余略）。

立轴，洒金纸墨笔，纵113厘米，横46厘米，清华大学美术学院藏。

兰竹盆花图

（2）作品赏析

郑板桥尤喜作盆兰，他认为盆兰携带方便，兰香可随人而移。他在《盆兰图》中题："画得幽兰在瓦盆，西施未出苎罗邨。天然秀骨非容易，笔底分明有露痕。"在《兰竹盆花图》中题："画得盆花蕙草新，春风已过有余春。"皆表示了对盆兰的喜爱之情。有一次在济南，郑板桥遇到好友陶四达与新婚妻子在历城游玩。陶四达是浙江绍兴人，十分喜爱春兰。为了表达对友人的真心祝福，郑板桥画了一幅盆兰图赠予他，并题诗："芳兰才向盆中栽，便有灵芝地上生。寄语春阳司节候，好春先送济南城。"但十分有意思的是，虽然郑板桥喜作盆兰，但又认为兰离开深山巨石、寂静幽谷，离开大自然的怀抱，落于小小的盆盎之中，受人点评，被人管束，很不自在。因此他又时常为盆兰叫屈，为盆兰不平。兰若栽于盆中，不久即憔悴，只有移到山石中，才能茁壮成长。他曾自题《画兰》云："余种兰数十盆，三春告暮，皆有憔悴思归之色。因移植于太湖石、黄石之间，山之阴，石之缝，既已避日，又就燥，对吾堂亦不恶也。来年忽发箭数十，挺然直上，香味坚厚而远。又一年更茂，乃知物亦各有本性。"

在一幅盆兰图上，他题诗："兰花本是山中草，还向山中种此花。尘世纷纷植盆盎，不如留与伴烟霞。"在《破盆兰花图》中，他又题："春雨春风写妙颜，一辞琼岛到人间。而今究竟无知己，打破乌盆更入山。"一向喜作盆兰的郑板桥，在此诗中却扬言要打破盆盎，让兰花回到大自然的怀抱，回归山林。在一幅《兰竹图》上题诗："东风昨夜发灵芽，一片青葱一片花。盎植盆栽殊可笑，青山是我外婆家。"

6. 兰竹芳馨图

（1）名画档案

题跋：兰竹芳馨不等闲，同根并蒂好相攀，百年兄弟开怀抱，莫谓分居彼此山。

南京博物院藏。

（2）作品赏析

此画写两山相对，悬崖沟谷之上，兰竹丛生，相对而发，遥相呼应。山石以枯笔写出，几点横皴，便描尽山势之险。浓墨撇写兰竹，飘逸潇洒，气韵飞动。郑板桥一向重视诗、书、画结合，以其形成不可分割的一体。此幅中诗画相辅，互为点衬，反映了中国文人画的特点。

兰竹芳馨图

二、文徵明作品

画家小传：文徵明（1470—1559），原名壁（或作璧），字徵明，明代杰出画家、书法家、道家、文学家。因先世衡山人，故号"衡山居士"，世称"文衡山"，长州（今江苏苏州）人。因官至翰林待诏，私谥贞献先生，故称"文待诏""文贞献"。文徵明的书画造诣极为全面，诗、文、书、画无一不精，人称"四绝"的

文徵明像

全才，在画史上与沈周、唐伯虎、仇英合称"明四家"（"吴门四家"）。在诗文上，与祝允明、唐寅、徐祯卿并称"吴中四才子"。他一生爱兰、画兰，他笔下的兰花飘逸潇洒，有"文兰"之誉。

兰竹图卷（局部）

（1）名画档案

本幅后纸自题："余最喜画兰竹，兰如子固、松雪、启南，竹如东坡，与可及定之、九思，每见真迹，辄醉心焉。居常弄笔，必为摹仿。癸卯初夏，坐卧甚适，见几上横卷纸颇受墨，不觉图竟，不知于子固、东坡诸名公，稍有所似否也。亦以徵余兰竹之癖如此，观者勿厌其丛。征明题于玉磬山房。"

纸本墨笔，纵26.8厘米，横730厘米，故宫博物院藏。

（2）作品赏析

图中兰叶、兰花以淡墨描绘，墨色温润，行笔轻盈流利，行转有致。竹子则以浓墨出之，劲健潇洒。对衬景的描写，亦颇具匠心，如坡角土石皆以干笔勾画、皴擦，再以荆棘穿插其间，卷尾一段溪流淙淙，都显示出环境的荒芜冷寂，从而愈发衬托出兰、竹高雅清芬、不从流俗的品格，突出了传统文人赋予兰竹的人格精神。

画面丛丛兰竹，簇生于坡石之间，繁密茂盛，故画家自题"观者勿厌其丛"。然分段布置的兰竹，由巉岩、山坡、悬崖、溪流加以衔接，遂显得密中有疏，繁简得当。文徵明的兰竹经常以坡石为衬景，即使布局疏密相间，不显迫塞，也加强了兰竹的兀傲秉性和野逸情趣。同时，兰与竹相间丛生，前后穿插，左右俯仰，既纷杂又有序；兰之轻柔飘逸与竹之细劲挺拔，既形成刚柔鲜明对比，又相映成趣。穿插的坡石，质地坚实，气势雄阔，也很好地反衬出兰竹之清润秀雅。兰、竹、石的有机结合，使文徵明的墨兰较之他人的纯兰、纯竹或简兰、疏竹，展现出更丰富的姿态变化，也寓有更多的情感内涵，故而能蔚成一派，从学者甚多。

题字

在画法上，文氏也兼取诸家。淡墨兰叶潇洒秀逸，极似郑思肖，浓墨竹丛前深后浅，又兼得文同、柯九思之长；而坡石的飞白用笔和整体上融入书写笔意的画锋，又源自赵孟𫖯。全卷长超过六米，因意兴所驱，又随笔写来，故能一气呵成，"不觉图竟"，作品具有自然流畅、舒展闲适的意韵，也反映了文氏晚年炉火纯青的画艺。

作者在自题中言道，此图意在师法宋元时期善画兰竹的诸位文人画大师们的画法。观此图，作者直以行草书、"飞白"笔法入画，正是深得赵孟𫖯"石如飞白木如籀，写竹还应八法通"的艺术理论及创作实践的精髓。在如此鸿篇巨制中，作者尽情挥洒，充分表现出了笔墨的逸趣，是一幅典型的文人画佳作。

171

遇见兰花
赏·食·颂·养

三、汪士慎作品

画家小传：汪士慎（1686—1759），清代著名画家、书法家。字近人，号巢林、溪东外史等，汉族，安徽休宁人，寓居扬州。工分隶，善画梅，神腴气清，墨淡趣足。暮年一目失明，仍能为人作书画，自刻一印云："尚留一目看梅花。"后来，双目俱瞽［gǔ］，但仍挥写，署款"心观"二字。著有《巢林集》。与罗聘、李方膺、李鱓、金农、黄慎、高翔和郑燮并称"扬州八怪"。

汪士慎像

（1）名画档案

纸本墨笔，纵77.5厘米，纵37.9厘米，故宫博物院藏。

（2）作品赏析

所谓"三友"即"四君子"中的梅、兰、竹。汪士慎将它们置于野外陡峭的山崖之中，沐浴着春风，自由顽强地生长。此图在布局上突出一种"生长的动势"。画面先采用半边取景，右下部分画两块倾斜的岩石，石面上长满浓密的野草，一株梅树从两石之间的缝隙中曲折地向上生长，枝丫高耸出山崖，开出梅花满枝。树下坡石上几丛嫩竹在风中摇曳，竹竿向右倾斜与梅树交错。巨石顶端一丛幽兰在倾斜的石面上倒垂而下，兰叶柔韧舒展，与梅花交会。梅、兰、竹三者或呼应，或交错，构图看似不稳，实则平衡。尤其是画面中心的行楷款识，对于平衡画面起到了不可缺少的作用，是画面的重要组成部分。此图画法以挥写为主，极少皴染，笔意清秀，墨色妍雅，给人以神清气爽之感。

春风三友图

四、徐渭作品

画家小传：徐渭（1521—1593），字文长，号天池山人，晚年号青藤道人。山阴（今浙江绍兴）人。明代书画家、诗人、戏剧家。他中年才开始学习绘画，气势狂纵，笔简意浓，开辟了明清写意画法的新途径。清朱耷、石涛、八大山人以及"扬州八怪"等都受其影响。郑板桥对徐渭极其佩服，曾刻有一印"青藤门下走狗"，以表达对徐渭的崇拜。吴昌硕题徐渭的书画册亦说："青藤画中圣，书法逾鲁公（颜真卿）。"齐白

徐渭像

石对徐渭更是倾慕备至，他说："青藤、雪个、大涤子之画，能纵横涂抹，余心极服之，恨不生前三百年，为诸君磨墨理纸。诸君不纳，余于门外饿而不去，亦快事也。"徐渭曾自评说："吾书第一、诗二、文三、画四。"他最不自信的绘画受到后代如此推崇，足见他在艺术上的多才多艺。徐渭一生坎坷，常"忽忆月下独俳徊"，在"几间东倒西歪屋，一个南腔北调人"的境遇中结束了一生。

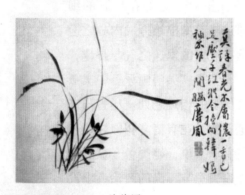

兰花图

（1）名画档案

题跋：莫讶春光不属侬，一香已足压千红。总令摘向韩娘袖，不作人间脑麝风。

南京博物院藏。

（2）作品赏析

徐渭画兰，笔意纵横，墨色淋漓，气势奔放，虽看似乱涂横抹，然笔

笔有法，画出了中国兰的气韵和风度。这幅兰花图及题画诗，写出了春兰的美，兰以幽香取胜，比春光中的"千红"不知要高出多少倍。

五、马守真作品

画家小传：马守真（1548—1604），明代女画家、诗人。小字玄儿、月娇，号湘兰，金陵（今江苏南京）人。秦淮名妓。她聪颖机敏，能诗擅画，又轻财重义，常仗义疏财救济少年书生。马守真虽身为妓女，内心却渴望做个像兰花一样高洁的女子。她不仅在庭院中大量种植兰花，而且还酷爱画兰，以画兰之精、画兰之专而名扬江南，因她祖籍湖南（简称"湘"），又酷爱兰花，常在画幅中题名"湘兰子"。

马守真像

（1）名画档案

立轴，纸本水墨，纵110厘米，横38厘米。

（2）作品赏析

马守真画兰不注重对兰之外在形态的细致刻画，而重在通过对兰的描绘抒发内心之逸气。其笔下之兰具有脱俗的飘逸之气与野趣，与男性文人画家，尤其是"吴门画派"中文徵明等人的花卉有着更多的相近之处。尽管马守真的兰花与文人笔下的兰花有诸多相似之处，但是对于一个烟花女子来说，她画兰，显然与文人画兰潜藏着仕途失意与不满的政治诉求没有太多关系，除了自身的喜爱，更多的应该是对当时文人圈时尚的某种迎合以及自我人格的标榜。不仅如此，马守真还独创了一叶兰，仅一抹斜叶，托着一朵兰花，以体现兰花清幽空灵，仿佛又带有一丝哀怨与孤寂，来倾诉自己的无依之情。

素竹幽兰

六、金农作品

画家小传：金农（1686—1763），字寿门、司农、吉金，号冬心，钱塘（今浙江杭州）人。年五十始从事于画，由于学问渊博，浏览名迹众多，又有深厚书法功底，终成一代名家。晚寓扬州卖书画以自给，为"扬州八怪"之首。

金农像

（1）名画档案

绢本设色，纵63.7厘米，横40.5厘米，故宫博物院藏。

（2）作品赏析

画上有画家自题："红兰花叶皆妙，惜无香泽，今夏见于奉宸院卿江君鹤亭水南别墅，越夕，费燕支少许，图此小幅。若宋徐黄诸贤却未曾画得也。昔耶居士记。"金农所画罕见的红兰花，笔触较工整细腻，风格沉着又清丽，笔墨稚拙，不求形似，别具古朴风格。

红兰花图

第四章 颂扬兰花

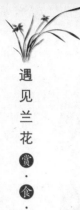
第五节　兰海拾贝

一、宝姬养兰的故事

《兰苑诗稿》和《南中幽芳录》是由明初大理国王后裔元末大理路第八代世袭总管段功的长女段宝姬（乳名僧奴）所著。

宝姬自幼聪慧，七岁能文，八岁作咏兰诗，九岁通琴棋书画。段宝姬一生爱兰如痴，与兰花结下了不解之缘。大理秀美的山川、多姿多彩的兰花和良好的文化素养，孕育了她斐然的文采和幽兰般的气质。她曾经写道："为人要取兰草之骨气，风雨不倒，傲立于风霜。"她年轻时历经磨难，在建昌的二十年中独伴青灯，与从大理带来的三盆名兰相伴，正因为有此心性，以兰明志，才坚强地活下来。她的兰苑建于无为寺下双鸳桥西北角，用地十二亩，养有南中名兰千盆。宝姬不仅养兰，而且还将兰苑诗会的诗词和兰谱整理成册，为后人留下了宝贵的文化遗产。

南中七贤有僧、有道、有儒、有巾帼才女，他们性格豪放，纵情于山水之间，以诗会友于兰苑会上。他们广交天下朋友，天祥、斗南、纪照等东瀛僧人因事得罪明朝而被流放大理，宝姬欣赏天祥等人的才华，多次邀请他们参加兰苑诗会并留下数十首咏兰诗，是中日文化交流的见证。在明初发生了中国历史上有名的"靖难之役"，燕王朱棣攻破南京，建文皇帝出逃云南，化名应文和尚，先至狮子山居住半年，因马某告密后起姚安小路，先藏身无为寺，后至浪穹观音山定居。期间在大云法师、李浩、南中七隐士、张三丰等人的支持下，多次化险为夷，逃脱追捕。应文多次在兰苑居住参加诗会，留有多首诗词，为历史研究提供了宝贵资料。

咏素心兰

（段宝姬写于洪武二十一年）

满园幽兰傲雪开，七子集社仿七贤。

此花不是人间草，仙女移自琼瑶台。

叶如碧玉珍珠露，花洁如雪金剪裁。

更有百花不及外，芬芳如麝醉神仙。

二、春兰"集圆"的故事

集圆

集圆又称十圆、老十圆，相传1850年由浙江余姚县张圣林发现，为春兰梅瓣极品。

《兰蕙同心录》的作者许霁楼先生曾为春兰老十圆写了"月样团栾花样娇，金钱争买暗魂销。如何鱼目珠同混，铜雀春深有二乔"的诗句。它形象的比喻了老十圆盛开时如同圆月，其花形花色之美，简直似三国时的绝代佳人"二乔"。

话说清朝道光后期（约1846—1850），大运河乃是南北交通的枢纽。它的苏杭段两岸田畴接天，宽阔的水面上千帆竞流，但到横穿嘉兴段时，所有船只非得先拉下风帆，拔倒桅杆，才能穿过低矮的"端平"和"北鲤"二桥。桥前的那个"落帆亭"正是因此而得名。在落帆亭后面，有座庙宇叫"修扩寺"。

一天上午，有支大木船突然停在落帆亭边，船舱里走出一个须发斑白的云游和尚，他左手拎着一扎兰草，右手提着只装满黄土的布袋，在寺内寻找起可以种花的盆钵来，然后一口气把所带的那扎兰草一一上了盆，摆放在菜园里养植。由于环境适宜，不到一个月工夫，其中不少盆兰花就竞相吐芳。和尚们见了满心喜欢，嘴里一个劲地说："香，香，真香。"大家七手八脚地把兰花一盆盆地捧到大雄宝殿前石阶的左右两边，供来寺的信徒和香客们观赏。人常说"有缘千里来相会"，这兰花一开放，竟引来嘉兴的许多爱兰同好到修扩寺，一位居住在南湖边的杨姓老人与这云游僧更谈得来，渐渐结下了友谊。谈吐中老人知道云游僧的兰花来自四明山。

十圆

却说这嘉兴地处浙北杭嘉湖三角洲，是江南富饶的鱼米之乡。历来为兵家必争之地，到了清朝咸丰末期，清军与太平军在这一带展开了激烈的争夺战（历史上称为"三屠嘉兴"），当时老百姓死的死、逃的逃，整个嘉兴城一片凄凉。杨姓老人一家由于早早逃离，才幸免劫难。不久战事平息，老人重归故里，可许多亲朋好友却已丧生，修扩寺也成了废墟一片，他面对颓垣断壁，找到养兰的地方，扒开瓦砾，搬走石块，终于见到了兰草，不过它们都已经枯萎了，只有一盆尚有绿叶数片，他拣除这盆中的枝草，携到家里重新栽植。经过老人的精心培育，次年兰花便重发新芽，待到同治时，已有大草近十筒，老人望着这些兰花，又怀念起云游僧。心里想着：云游僧经常手合十字，此花三瓣圆润而呈一字形的平肩，加上下部的一枝花秆，不也是个"十"吗，就给它起个"十圆"的名字吧。

战后的几年里，大批的苏北人、绍兴人、余杭人不断迁徙到嘉兴，使嘉兴城很快恢复生机。咸丰二年春日，余姚兰客张圣林到了嘉兴，打听到杨姓老人在南湖边养兰多年，品种既多又好，就找到了老人住所。一进屋便见老人家里兰花开得正旺，特别是一盆三瓣宽阔、着根而结圆的花，即向老人表示想购买此花。当老人知道张圣林来自四明山后，才放心地说："我已是耄耋之年，愿将这大难不死之花请您带回它的故乡，这是老朽和那位高僧的共同愿望。"张圣林手捧兰花，如获至宝，连连点头表示："一定，一定。"张圣林得兰花后，就把它带到余姚，分赠给几位兰友养植，兰友们在长期的养植过程中，发现十圆开花常有变化，不仅瓣形不一，就连花草都有青秆、红秆之别，后人又叫"集圆"。

三、国花胡姬

"国花"是指能够作为国家表征的某国特别著名的花卉，它是一个国家民族认同感和自豪感的象征，对外则展现了一个民族的希望、期盼、胸怀、气度、形象和魂魄，体现着一个民族的心情，向世人传递着美好、友谊和吉祥。

1981年，新加坡选定卓锦·万代兰为国花。卓锦·万代兰亦称胡姬花，由福建闽南话音译Orchid（兰花）一词而来。万代兰是对兰科万代兰属的植物统称，它来自印度乌尔都语，意思就是附生于树上，也有人认为这个词在印度本身就是"兰花"的意思。不管怎么说，从这个属名可以推断，万代兰最早是在印度被发现的。万代兰属植物大约有 60~80种，广泛分布于中国、印度、马来西亚、菲律宾、美国夏威夷以及新几内亚、澳大利亚。卓锦·万代兰是商业生产中最成功的兰花，在夏威夷和马来西亚启动了价值数百万美元的兰花"产业"。

棒叶万代兰

卓锦·万代兰是由一位侨居新加坡的亚美尼亚人，名叫爱尼丝·卓锦女士，于1890年在自己的花园里通过杂交培植而成的，负责授粉的雄花是棒叶万代兰，负责受精的雌花则是胡克氏万代兰，卓锦·万代兰遗传了父母美丽的基因，花瓣有着优美的弧度，颜色自花蕊开始，由浅至深，如同浸在紫色染料中的丝绸。1893年新加坡植物园为了纪念她，把这种花命名

第四章 颂扬兰花

为"Vanda Miss Joaquim"，意即卓锦女士之兰花。寓意"卓越锦绣，万代不朽"。

卓锦·万代兰

卓锦·万代兰之所以能在品种繁多的胡姬花中脱颖而出，成为新加坡的国花，确实是实至名归的。其一，它的容貌清丽端庄而超群，却又流露出谦和之色。其二，它有一片姣美的唇瓣，唇瓣四绽，象征新加坡四大民族和马来语、英语、华语和泰米尔语四种语言文字。有趣的是，在新加坡，官方所承认的国语是马来语，国歌中的歌词均是马来字，然而往来交流的文件均是英文的，占人口绝大多数的华裔口头所讲的则是华语。"华语"和"华文"可能是新加坡华人所创的名词，很多华裔后代不知道汉语是什么意思，只知道中文叫华文，汉语为华语。其三，花朵中间的雌蕊和雄蕊合成一体成为蕊柱，象征幸福的根源；蕊柱由下面相对的侧萼片拱扶着，象征着和谐，同甘苦、共荣辱。其四，在卓锦·万代兰的唇瓣后方有一个袋形角，储藏有甜甜的蜜汁，象征财富汇流聚集的处所。其五，卓锦·万代兰的蕊柱上有个花粉盖，揭开后可见里面有两个花粉块，像两只金光闪闪的眼睛，象征着高瞻远瞩。其六，它的茎努力向上攀缘，象征着向上、向善的无穷力量；它的花由下而上一朵谢落，一朵又开，象征新加坡国脉的长盛不衰。新加坡人喜爱兰花，更偏爱卓锦·万代兰，还因为即使在最恶劣的环境中，它也能争芳吐艳，象征着民族的刻苦耐劳、勇敢奋斗的精神。

1995年10月，胡姬花园在新加坡植物园落成，占地约3万平方米，园内培植有400多个纯种和2000多个品种、6万多株名贵兰花，每年都会有数百万游客慕名前来一睹胡姬花的芳容。

胡姬花园

从1962年开始，每当有贵宾来访，新加坡都会用来访贵宾的名字为培育出的新品胡姬花进行命名，这项"胡姬花命名"仪式被视为对来宾的最高礼遇。至今，新加坡政府已为60多个"贵宾胡姬花"进行了正式注册，所有以名人名字命名的胡姬花都不能对外销售。

例如，2000年11月朱镕基访问新加坡时，有一种胡姬花就以他夫人劳安女士的名字命名为Mokara Lao An。以"戴安娜王妃"命名的胡姬花，花瓣洁白，淡雅恬静，寓情于花，使人不禁想起香魂已逝的丽人；"撒切尔夫人"之花，花瓣卷曲、细长，从中似乎可以看出"铁娘子"那刚毅、硬朗的神情。

"撒切尔夫人"之花

第四章 颂扬兰花

181

胡姬花是连接新加坡和世界的"无声大使"。胡姬花具有生命力顽强的特征，代表着新加坡与其他国家间的友谊长存。2015年11月6日，习近平主席访问新加坡，中国与新加坡建交于1990年，早在20世纪70年代，两国领导人在未建交的情况下就实现了互访，当时举世瞩目。11月7日，习近平主席和夫人彭丽媛到植物园参加新加坡国花胡姬花新品种的命名仪式。新加坡以习近平主席和夫人的名字命名胡姬花新品种，新品种胡姬花生气蓬勃、可常年开花，预示着新中两国人民的友谊常在、历久弥新。

　　除了名人外，经过改良的胡姬花也会以平民百姓的名字来命名。一般来说，获此殊荣的多是悉心培育胡姬花的园艺师们。2005年，为促进当地旅游业的发展，新加坡以第400万名观光客珍丹妮的名字命名了一种淡紫色胡姬花，这位幸运儿来自澳大利亚。当前，全世界的胡姬花共有3万多种，从1893年到现今的100多年中，仅在新加坡注册和培植的胡姬花品种就有2000种。新加坡"兰花之都"的称号名不虚传。

　　如何让兰花的自然之美永恒不朽呢？这里有一个RISIS（丽西施）镀金兰花诞生的故事。

　　20世纪60年代，当时新加坡的财政部部长Goh Keng Swee博士开始寻找一个能够充分代表和体现新加坡的标志性礼物，并能使当地人和游客都产生共鸣。与此同时，一位新加坡年轻的科学家萌发了为自己挚爱的妻子制作一朵永不衰败的兰花的念头，他研发了一个给新鲜绽放的兰花镀金的技术，金子是金属中最珍贵和永恒的，他梦想着用最纯净的金子去定格天然兰花的美丽。几经尝试，一朵光彩耀眼的镀金兰花在他手中诞生了。1976年，RISIS这个新加坡知名的首饰品牌从诞生之日起，就担负起了传递新加坡文化的使命。RISIS镀金兰花，从一个小小的爱情示意开始，已经绽放了40余年。精心挑选的每一朵自然绽放的新鲜兰花，镀在24K金或其他贵金属中制作成金饰品，其美丽可保存数十年。由于胡姬花是天然生长的原材料，每一朵花不可能完全一样，因此每一个镀金胡姬花首饰也不一样。2002年，新

镀金兰花

加坡总理将镀金兰花作为国礼送给英国女王。

　　新加坡于1965年8月9日被迫退出马来西亚联邦，12月22日成立共和国，开始发行新加坡元。自1967年至今已发行了4套纸币，即1967年发行的以胡姬花为票面主要图案的"花"系列纸币；1976年发行的以鸟类为票面主要图案的"鸟"系列纸币；1986年发行的以各种船只为票面主要图案的"船"系列纸币，以及1999年发行的以该国首任总统尤索夫肖像为票面主要图案的纸币。

　　1967年发行的"花"系列纸币，其最显著的特点就在该套不同面值纸币的正面主景图案的中间，均描绘有美丽的胡姬花（背面描绘的则是新加坡的公共建筑和海滨、河流风光）。胡姬花系列纸币有1新元、5新元、10新元、25新元、50新元、100新元、500新元、1000新元和10000新元九种面值，现列举一二：

10新元的正面主景图案为胡姬花，背面主景图案为以新加坡版图为背
景的四只紧握的手，票幅为13.3×7.9厘米，主色调为红色

25新元的正面主景图案为胡姬花，背面主景图案为最高
法院大楼，票幅为14.0×7.9厘米，主色调为棕色

500新元的正面主景图案为胡姬花，背面主景图案为政
府办公大楼，票幅为16.0×9.6厘米，主色调为绿色

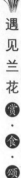
当前，由于新加坡已开始流通第四套纸币，因此这套"花"系列纸币随着银行的逐渐回笼，已不再投放市场。

四、胡姬之歌

阿杜，原名杜成义，新加坡人，祖籍福建闽南，著名华语歌手。新加坡旅游局年度代言歌曲《有你才完整》就是由阿杜演唱的，在MTV那旖旎的风光中，大片盛开的胡姬花美得让人心醉。阿杜唱道：

海连着天，远远将你载过来，期待的眼，因为你而亮了起来。胡姬花浓郁的香味，溶成了心中难言滋味，无论远方你眷着谁，留连着不回。勿忘年少的热泪，因为我单纯小世界，原来有你才完整。胡姬花在风中飘多远，是我散落一路思念，飘飘荡荡经历一切，只要有你我才完整。就算海再远，天把我们相连，风中你听得见我的思念。

五、心兰相随（With an Orchid）

雅尼，原名雅尼·克里索马利斯，1954年出生于希腊卡拉马塔，后加入美国国籍，著名作曲家，是一个用音乐讲述生活的人。*With an Orchid*是雅尼的经典作品之一。

这是一首需用心去倾听和感受的乐曲，有伤感，有无奈，还有渴望和期盼，听后让人沉醉不能自拔。飘逸的曲子，清清淡淡，如行云流水般的音律，洁净而从容，在遥远的梦幻里流连，寻找渴望已久的宁静。闭目静听，任思绪随着音乐的律动而随意展开……感觉自己好像独自身处一个幽静、安详而漫山遍野都长满了鲜艳可爱的兰花的山腰上，此时此刻，什么都可以不去想，感觉如入梦境，心只专注于身边这一大片鲜艳可爱的兰花。此时此刻，只想享受这美丽的大自然所赐予我们的这一切，这是一种多么美妙的境界啊！

六、养鹅防盗

因为兰花值钱，因此盗兰之风自古就有。有偷就得防，偷与防就各施高招。"盖由人类不齐，贩客中规矩者固多，而奸猾者亦间有。平时与此辈交接，不可不慎也。"

余姚以莳兰蕙为业者，不下数十家。如莳有名贵之种，天井上面必罩以铁丝网，防偷窃也。其无力装置铁丝网者，往往妇女轮流守夜。为防偷盗，一年365天一家老少轮流守夜，但总非长久之计。后来发现鹅在晚上非常容易惊醒，鹅棚外稍有动静就大叫不止。江南农村家家都养鸡养鹅，晚上主人就将鹅放进兰棚，由鹅管理兰棚。这个办法很保险：一是晚间鹅很容易惊醒，只要小偷一进兰棚就会大声叫嚷；二是晚上鹅不再进食，不像狗，一个毒馒头就能被药倒。

七、板桥吟诗退小偷

传说郑板桥辞官回家，一肩明月两袖清风，唯携黄狗一条、兰花一盆。一夜，天冷、月黑、风大、雨密，板桥辗转不眠。突然听得屋内有人走动，就知有小偷光临。他本想高声呼喊，但又想自己手无缚鸡之力，万一小偷动手如何对付？反正屋内无物，于是佯装熟睡任他拿取。想想又不甘心，略一思考就翻身朝里低声吟道："细雨蒙蒙夜沉沉，梁上君子进我门。"此时小偷已近床边，闻声暗惊。郑板桥又吟："腹内诗书存千卷，床头金银无半文。"小偷心想：既然是个穷秀才不偷也罢，就转身出门。又听里面说："出门休惊黄尾犬，越墙莫损兰花盆。"小偷一看，墙头果然有兰花一盆，乃细心避开。足方着地，屋里又传出："天寒不及披衣送，趁着月黑赶豪门。"

第五章　兰花的繁殖

兰花主要通过播种、分株和组织培养等方法来进行繁殖。

第一节　种子繁殖

兰花的果实内含有数量多到惊人的细小种子，种子没有胚乳，所含的营养成分不多，种皮透水差，发芽率不高。因此，兰花的种子繁殖比较困难，多数兰属植物从播种到植株开花要4~5年或更长的时间。此外，兰花的播种繁殖需要一定的设备条件，操作过程也比较复杂。因此，播种繁殖很少被养兰者采用，多用于经过人工授粉进行杂交育种或品种的选育。

一、人工授粉

蝴蝶兰的合蕊柱

取出药帽中的花粉块　　　　　将花粉块放入合蕊柱的柱头

授粉后的合蕊柱　　　　　　　发育中的果实

兰花的种子繁殖分为有菌播种和无菌播种两种方法。由于兰花种子不耐贮藏，一般在其蒴果成熟而未开裂时采摘后尽快播种。一般果实外表皮的色泽由绿色变为黄色的初期，是采收和播种的最佳时期。但是，不同种类的蒴果成熟期是不同的，要经过仔细观察和进行实验对比才能得出结论，只看色泽也未必是可靠的。由于蒴果采收时间对于种子的萌发有着一定的差异，因此对授粉时间、地点，蒴果的大小、色泽变化等都要有详细记录，以供参考。蒴果的发育大约自授粉后需要4～6个月的时间，当然不同种类的兰花果实成熟时间不同，要注意观察蒴果从绿色变为黄色的过程，若稍出现褐色就会很快开裂。有些种类虽然其蒴果需要经历12月才能成熟，但也可以在5～7个月时采收并播种。如果让蒴果出现褐色后采收并播种，其发芽率会明显降低，有些种类的种子甚至会进入休眠状态而不发芽。要特别注意的是，蒴果即使是绿色，采收下来后也会很快就开裂，一旦开裂就难以消毒，所以要尽快在实验室进行无菌播种。

二、有菌播种

有菌播种也称直接播种。常规的做法是把种子直接播在母株基部的土壤中，利用母株的根菌（兰菌）促使种子萌发。也可以配制播种土进行直接播种。播种土的配制可以采用母株周围的栽培土或相同兰花种类在野外生长地的土壤加入适量的腐叶土或珍珠岩混匀，在播种土的表面喷洒低浓度（约0.1%）的蔗糖溶液促使兰菌的增殖和生长，或者使用米汤和谷糠混匀进行拌种。不覆土播种，注意保湿和适当遮阴。

三、无菌播种

无菌播种也称种子无菌萌发培养，就是以种子为外植体，采用微型繁殖的技术把消毒后的种子接种到人工配制的无菌培养基上进行萌发的方法。大量的研究和繁殖实践证明，兰花的种子播种在无菌而含有一定配比的矿物营养、维生素、激素、有机营养等的培养基上能萌发形成小植株。无菌播种的过程与植物的组织培养技术过程相同，适宜播种繁殖的培养基种类比较多，如VW培养基、White培养基、MS培养基等都可用于兰花的播种繁殖。其中最常用的是MS培养基，播种时通常根据不同的兰花种类配置成1/2MS培养基，即将培养基中的大量元素的含量减半进行配置，通常每升培养基中添加100克的土豆和10克的香蕉打成汁，有利于兰花种子的萌发，也可以添加100毫升的椰子汁，这些天然成分的材料中有促进兰花种子萌发的营养物质。石斛兰、纹瓣兰、蝴蝶兰等无菌播种萌发率很高，兜兰属是兰科中种子试管培养最困难的，萌发率偏低，当然也有像德氏兜兰和巨瓣兜兰等种类发芽率可以达到近70%。

四、无菌播种技术

采收的鼓槌石斛的果实

用2%的NaClO（次氯酸钠）浸泡消毒，无菌水冲洗

用酒精灯火焰灭菌解剖刀等

在无菌纸上纵向切开无菌的兰花果实

把种子播种在培养基上萌发出原球茎

解剖镜下观察到的原球茎和幼苗

无菌播种萌发的兰苗需要分瓶培养

分瓶培养长大的无菌苗可以出瓶移栽

　　无菌播种时也可以将采摘的蒴果用70%的酒精进行表面消毒后，在95%的酒精中蘸一下，再用镊子夹起来后，在酒精灯上过一下火，如此重复三次即可达到灭菌的目的。这种灭菌方法不会对种子造成伤害，灭菌效果又彻底，播种后的污染率很低。对于那些有极高经济价值的兰花品种，采用无菌播种法可以得到大批量的幼苗供生产或品种选育研究。

遇见兰花 赏·食·颂·养

五、常用的培养基

VW（Vacin&Went，1949）培养基

磷酸钙$Ca_3(PO_4)_2$	200mg
硝酸钾KNO_3	525mg
磷酸二氢钾KH_2PO_4	250mg
硫酸铵$(NH_4)_2SO_4$	500mg
二水酒石酸铁$Fe_2(C_4H_4O_6)\cdot 2H_2O$	28mg
四水硫酸锰$MnSO_4\cdot 4H_2O$	7.5mg
硫酸镁$MgSO_4\cdot 4H_2O$	250mg
蔗糖	20g
琼脂	16g
蒸馏水（加至）	1000ml
酸碱度（pH）	5.0～5.2

MS（Murashige&Skoog，1962）培养基

硝酸铵NH_4NO_3	1650mg
硝酸钾KNO_3	1900mg
二水氯化钙$CaCl_2\cdot 2H_2O$	440mg
七水硫酸镁$MgSO_4\cdot 7H_2O$	370mg
磷酸二氢钾KH_2PO_4	170mg
碘化钾KI	0.83mg
硼酸H_3BO_3	6.2mg
四水硫酸锰$MnSO_4\cdot 4H_2O$	22.3mg
七水硫酸锌$ZnSO_4\cdot 7H_2O$	8.6mg
二水钼酸二钠$Na_2MoO_4\cdot 2H_2O$	0.25mg
五水硫酸铜$CuSO_4\cdot 5H_2O$	0.025mg
六水氯化钴$CoCl_2\cdot 6H_2O$	0.025mg
乙二铵四乙酸二钠Na_2–EDTA	37.3mg
七水硫酸亚铁$FeSO_4\cdot 7H_2O$	27.8mg
蔗糖	25g

琼脂	7g
蒸馏水（加至）	1000ml
酸碱度（pH）	5.8

第二节　分株繁殖

分株繁殖也称分盆或分蔸。简单来说，就是把兰花母株周围的、带假鳞茎的兰株，分成大小不一的小丛进行分开栽种的增殖方法。分株繁殖操作简便，分株后植株能很快开花，同时其品种特性不会发生变异。因此，分株一直是兰花栽培者采用的传统繁殖手段。

热带兰花的茎部结构比较特殊，其基部或具有膨大的假鳞茎，如大花蕙兰；或具有隐藏于叶基内部的短茎，如兜兰。在野生状态下，兰花一方面开花结实，进行有性生殖；另一方面不断地进行营养繁殖，即从茎的基部发出小芽后长成新苗。有些种类，如卡特兰的假鳞茎生于横走的根状茎上，彼此有一定的距离；另一些种类，如大花蕙兰，则不具横走的地下茎，新苗与老苗挤在一起，呈丛生状态。但不论丛生还是散生，到了一定程度，就会出现彼此争夺阳光、空气与养分的现象。因此，及时进行分株，既可解决这种矛盾，又可以达到繁殖的目的。

在兰花得到良好的栽培管理的条件下，成年兰株的基部能不断长出小芽，这些小芽不断生长形成具有假鳞茎的新的兰株，随后老的假鳞茎会逐步衰老死亡。由于新生的兰株个体总是多于死亡的兰株，兰丛就会变得越来越大。在兰丛足够大时要及时分株，才能使兰株有足够的生长空间和营养供给。

理论上讲，分株繁殖一年四季都可以进行，但在开花后至新芽萌发前最好。兰属植物都有一定的休眠期，休眠期在开花以后至新芽生长之前。自然条件下，兰花的休眠期常常是在气温相对较低、空气湿度较小的干旱季节（冬季及早春），而温度相对较高、空气湿度较大的雨季（夏季及初秋）是兰花的生长期。兰花在休眠期进行分株栽培和换盆最适宜。兰花生长期对水肥的需求量大，要注意水肥供给，而在休眠期要防止因水分过多导致根系腐烂，植株死亡。

分株

　　一般春季开花的品种应在秋季分株，大约在秋分前后进行，这时气温很似春天，但昼夜温差稍大，天气干燥，其切口愈合和幼根生长不及春季，但成活率不低于春植。而秋季开花的品种宜在春季分株，大约在清明前后进行，这时天气暖和，气温在15℃～25℃，相对湿度较大，切口约20天就可愈合，一个月左右长出幼根，若操作管理得当，成活率可达95%以上。分株后精心培养，当年即可开花。长江流域多在春秋两季分株，长江以南地区可提前分株，长江以北地区应相对推迟。而在广东、广西、海南、福建和台湾等地区，夏冬两季也可照常分株。分株气温一般在15℃以上，新芽已经形成，但尚未萌发之前分株更佳。

　　在分株前后不要施肥，也不要在浇水后立即分株。分株时基质必须排干水分，先将兰丛连土从盆中或种植床中取出，洗去泥土，稍晾干后剪去断根、腐根、枯叶、开败的花枝，然后从兰丛中空隙处用手或剪刀等工具将兰丛一一分成小丛（要避免单苗分株）。将小丛的根部浸入杀菌剂水溶液中（可以用1000倍稀释的高锰酸钾略加浸泡）进行消毒后，放置10～15分钟后再冲洗干净，晾干后即可盆栽或植于新的种植床中，浇透一次水，使新的基质保持湿润而又透气。以观花为栽培目的的兰花分株，小丛株至少应含4～5

苗，若仅为了增殖，分株的兰丛含2～3株兰苗即可。在分株的过程中，不要碰坏新芽。对一些无叶或仅有少量叶的、饱满的老鳞茎要保留，因保湿栽植后鳞茎上的潜伏芽仍有可能发育成植株。

分株繁殖虽然简便易行，但繁殖系数比较低，难于满足兰花规模化生产对兰苗数量的需求。所以，成功的播种繁殖和组培快繁是兰花产业化生产中的关键环节，值得深入研究。

第三节 扦插繁殖

能够扦插繁殖的兰花为数不多，石斛是其中之一。石斛多数有很长的、带肉质的茎，茎上有许多节，因此适用扦插繁殖。可以说扦插繁殖是石斛专用的繁殖方法。扦插繁殖时，可选择未开花且较充实的茎段，用利刃从根际剪下即可做插条，每2～3节一小段，直立扦插于泥炭和苔藓混合制成的小插床上，一半露在外面，放在半阴、潮湿和温度较高的环境中，当苔藓表层变干时，喷少许水，以保持湿润。经过1～2个月，待新芽长出2～3条小根时，将其连同老茎一起栽在新盆中，即可成为新株。

第四节 组织培养

兰花的传统繁殖方法主要是将兰花分株繁殖，繁殖速度慢。不少品种在栽培条件下很少结种子。同时，由于兰花的种子极小，且胚发育不完全，因此不易发芽，需借助共生的菌类供给养料才能萌发。1960年法国人Morel首次成功将虎头兰茎尖诱导形成原球茎，进而诱导发育成了完整幼苗，从而建立了无性繁殖系。这一技术很快被应用于兰花特别是热带兰花的商业化生产中，成为组织培养技术在植物快速繁殖商业化应用的最早范例。之后，各种兰花的组织培养越来越多，迄今约有70个属数百种兰花已成功进行组织培养快速繁殖。

组织培养的理论依据是植物细胞的全能性，即植物体的每一个细胞含有该植物体的全部遗传信息，它们都可能发育成完整的植株。植物组织培养是切取植物营养体的器官或组织的一部分（称外植体），消毒后接种在人工配制的培养基上进行组织的诱导、器官的分化、小植株的再生、增殖及生根，获得大量植株，满足苗木生产的繁殖方法。

植物组织培养技术诞生于20世纪三四十年代。该技术诞生后很快就被广泛应用于农业、林业、园艺等生产中苗木的大量繁殖。目前，组织培养技术已经被广泛应用于兰花的育种和生产中，特别是洋兰的工厂化、商品化生产，如石斛兰、大花蕙兰、蝴蝶兰、跳舞兰、卡特兰、兜兰等。兰花多采用茎尖培养技术，兰花的茎尖能分化与其种子胚胎发育相似的类原球茎体，类原球茎体分割后重复培养可大量增殖。理论上，一个外植体（茎尖）一年内可产生约400万株兰花小苗。目前，组织培养技术在国兰中的应用还很有限，但国兰的产业化发展迫切需要应用组织培养技术来解决兰苗大量繁殖的问题。随着研究工作的不断深入，兰花很多器官（根、茎、叶、芽、花梗、幼胚等）的离体培养，将会极大地推动兰花事业的发展。

在进行植物组织培养工作之前，首先应对工作中需要哪些最基本的设备条件有全面的了解，以便因地制宜地利用现有房舍，新建或改建实验室。要按照工作的目的和规模决定实验室的设计。

整个组织培养的工作地点，应选在安静、清洁的常年主风向的上风方向，避开各种污染源，以确保工作的顺利进行。实验室要合理布局，通常按照工作程序的先后，安排成一条连续的生产线，避免有的环节倒排，增加日后工作的负担或引起混乱。组培快繁的主要工序如下：培养器皿的清洗；培养基的配置、分装、包扎和高压灭菌；无菌操作——实验材料的表面灭菌和接种；放入培养室培养；试管苗的移栽和初期养护管理。以上几道工序可以分别在好几间实验室里完成，也可以在一间实验室里完成。可见，植物组织培养并不神秘，条件简易，并非高不可攀。兰花爱好者在家中，经过努力也可以实现，至少可以重复或者复制出许多试管植物来。但是从商业的角度来讲，规模小，生产效率低，在经济上不合算。下面笔者将介绍如何设计并筹建植物组织培养实验室。

在建设组培室之前，笔者参观了中科院仙湖植物园科技部的组培室，以及国家兰科中心的组培室，发现这些科研单位的组培室都小而精致，一般都包括三个相对独立的房间，一个准备室，一个接种室（无菌操作室），一个培养室。在准备室通常要放置一个实验台，用来配置各种试剂和培养基；一个高压蒸汽灭菌锅，用于培养基等的灭菌；一个水池，用来清洗培养瓶等工具。在接种室，要安装紫外灯用于定时进行空气灭菌，1～2张超净工作台，可供2～4人使用即可。在培养室，需要安装几个5～6层的培养架，每层要有可单独控制的开关，用于控制培养用的日光灯，便于培养瓶中植物的定时照明；还需要安装一台冷暖空调用于控制室内温度。下面分别详述之。

一、组培室

1. 准备室

准备室要求20平方米左右，明亮，通风。在准备室完成的任务很繁重，器皿的清洗，培养基的配置、分装和灭菌等环节，同时要兼顾试管苗的出瓶、清洗和整理工作，如果房间较多，可以将试管苗出瓶与培养器皿的清洗单独放在另一房间。准备室的主要设备及用具有：

（1）电冰箱一台：用于贮存易变质、易分解的药品及各种母液。

（2）高压蒸汽灭菌锅一台：中型立式全自动高压蒸汽灭菌锅，这样基本能满足一次两升培养基分装的60个培养瓶的灭菌工作，而且无须人工守在灭菌锅前进行调试，大约1小时即可完成一次灭菌任务。可采用蒸馏水注入高压蒸汽灭菌锅内使用，所以每次灭菌完成后无须放水，也不会在灭菌锅底部形成水垢影响灭菌效果。

（3）电磁炉一台：用于配置培养基时的琼脂的融化、试剂的溶解等，配合一口铝锅或不锈钢锅。

（4）微波炉一台：用于铁盐等难溶试剂的加热溶解等。

（5）磁力搅拌器一台：用于配置母液时进行固体试剂的搅拌溶解，省时省力。

（6）大型工作台一张：用于放置各种试管、烧杯、量筒等，并进行称量和配置培养基的操作台。

学生在工作台配置母液和分装培养基

（7）分析天平一台：用于微量元素的称量使用，数据精确。

（8）电子天平一台：用于蔗糖、土豆、琼脂等使用量大的材料的称重，方便快捷。

（9）电饭锅一台：可以用来煮土豆，不粘锅，还可以和电磁炉同时进行操作，效率高。

（10）榨汁机一台：用来把煮熟的土豆或者香蕉等固体材料进行粉碎打成汁液加入培养基中。

（11）洗涤用的水槽两个：水槽应较大较深，这样便于储存一定的水，对培养瓶进行浸泡，清洗更容易，更干净。

（12）小型工作台1~2张：便于进行培养基的分装，试管苗的整理晾干等。

学生在进行操作

（13）小型书架一个：用于存放有关的书籍和记录本等。

（14）鞋架一个：用于存放拖鞋，以便保持准备室的洁净。

（15）挂衣钩若干：用于存放白大褂。进入实验室最好换上白大褂，保持实验室的操作无污染。

（16）小型酸度测定仪一个：或者其他酸度计、pH计等。实际在生产条件下用精密pH试纸来测试和调整pH值即可。

（17）蒸馏水发生器一套：用来制备蒸馏水，以便在配置母液时使用。配置培养基时，如果是用于实验探究的则必须使用蒸馏水，其余可以用自来水代替蒸馏水使用，减少不必要的浪费。

（18）定容烧瓶两个：一个1升的定容烧瓶，用于配置1升大量元素母液的定容。一个250毫升的定容烧瓶，用于配置微量元素母液的定容。

（19）培养器皿：组培瓶大小规格各不相同，尽量选择同一大小的培养瓶，这样瓶盖和瓶子的吻合度高，不至于混淆，影响培养基分装后的盖盖过程。因为笔者培养的是石斛兰等兰花，试管苗长到6～7厘米时就可以出瓶进行培养了，所以笔者选用的培养瓶是350毫升的广口瓶。

目前国内外已经逐渐改用耐高温的聚丙烯塑料容器代替玻璃组培瓶，通常使用一次即手弃，节省了洗涤人工，提高效率。但是并不环保，所以建议还是使用可以循环使用的玻璃组培瓶。

（20）试剂瓶：1000毫升、500毫升、250毫升各棕色5个、白色5个，100毫升滴瓶10个，100毫升试剂瓶10个。

（21）移液器：各种规格的微量移液器一套，配备相应大小的一次性枪头若干。

（22）量筒：50毫升的量筒2个。

（23）烧杯：2000毫升、1000毫升、500毫升、250毫升、150毫升、100毫升各5个。

（24）各式洗瓶刷和毛刷若干只，常备的消毒灭菌的药剂若干：用于清洗组培瓶等，以及清洗消毒采集回来的实验材料。毛刷应有数种，视材料不同而选取适当大小与软硬的刷子，如牙刷、毛笔、洗手刷等。漂白粉、肥皂、洗衣粉、次氯酸钠、高锰酸钾等清洗消毒的药剂。

（25）大型塑料果篮和菜篮各20个：用于洗涤后或未清洗的组培瓶的集中堆放，避免占地太多，影响工作。最好使用可以折叠的塑料果菜篮，这样在没有组培瓶时可以折叠存放，节省地方，使实验室环境美观宽敞。

（26）胶手套和线手套若干双：便于洗涤和拿取高压蒸汽灭菌后较热的

第五章 兰花的繁殖

培养瓶等。

（27）周转盘若干：用于把接种了试管苗的组培瓶从无菌室放入培养室，以及从组培室拿到准备室进行出瓶培养等。

其余物品可根据工作需要适当添置。例如，实体解剖镜、普通光学显微镜、显微照相设备等，用于对培养物的检测与观察和记录。

2.接种室

如果说准备室因为工作内容多，处理事务的数量大，以致在条件许可时面积宜大不宜小，那么无菌操作室（即接种室）却恰好相反，即在工作方便的前提下，宜小不宜大，宜精细密闭，忌粗陋放散。

接种室是进行无菌操作的场所，如材料的消毒接种，无菌材料的继代培养等。这里是植物组织培养研究中最关键的部分，关系到培养物的污染率、接种工作效率等重要指标。要求地面、天花板及四壁尽可能光洁，不易积染灰尘，易于采用各种清洁和消毒措施。可以采用水磨石地面、白瓷砖墙或防菌漆墙面、防菌漆天花板板面等结构。如果只放置一台超净台，面积约7～8平方米，放置2张超净台，面积10～12平方米即可。

学生在接种室进行无菌操作

无菌室要求干爽安静、清洁明亮，在适当的位置吊装紫外灭菌灯1～2盏，每天定时自动打开进行一小时的照射灭菌，使室内保持良好的无菌、低密度有菌状态。最好单独安装一台小型的空调机，在使用时开启空调，这样就可以在工作和不工作时都把无菌室的门窗紧闭，保持与外界相对隔绝的状态，尽量减少与外界的空气对流，减少尘埃与微生物的侵入，加之经常采用消毒措施，就可以达到较高的无菌水平，以利于安全的无菌操作，提高工作的质量与效率。无菌室适宜配置推拉门，可以减少空气的扰动。在一天工作之后，可以开窗充分换气，然后再予以密闭。总之，既要清洁，无尘无菌，又要空气新鲜，适宜工作。

　　接种室内力求简洁，凡是与本室工作无直接关系的物品一律不能放入，以利于保持无菌状态。无菌室内的主要设备是超净工作台1～2张，超净工作台的摆放不能正对门口或靠门太近。正式工作前，应将接种室内的紫外灯打开，超净工作台及其上的紫外灯亦要提前打开，至少要提前20分钟。在紫外灯开启时间较长时，可激发空气中的氧分子缔合成臭氧分子，这种气体成分有很强的杀菌作用，可以使紫外线没有直接照到的角落产生灭菌效果。由于臭氧有碍健康，杀菌消毒后，应在关上紫外灯一段时间后（大约20分钟）再进入室内工作，以免因紫外光产生的臭氧对人体产生不利影响。接种完成后，应将接种室打扫干净，换下来的衣、帽、口罩等要及时清洗，定期进行消毒处理。每张超净工作台需要配置酒精灯一个（另备用一个）；25厘米长的医用镊子4把；4号解剖刀柄1把，21～23号解剖刀片若干；比较长的镊状剪1把，可以伸入培养瓶中剪取材料；500毫升广口瓶2个，一个用于存放70%或95%的酒精，镊子、解剖刀和解剖剪都可以浸泡其中，用于灼烧灭菌，另一个用来存放酒精棉，便于擦拭操作者的手和台面；用铁丝弯成的小支架，可以在灼烧灭菌后暂时存放灼烧过的镊子和解剖刀，以备冷却后使用；不锈钢的圆碟若干，用于接种时切割整理接种物，大小和一般的家用餐碟相似，选择轻薄的不锈钢圆碟，主要是便于用牛皮纸包扎和灭菌，而且比较轻便，可以在高压蒸汽灭菌的基础上再用镊子夹住在酒精灯火焰上再次灼烧灭菌。

　　此外，无菌室还需摆放搁架一个，用于储存放置高压蒸汽灭菌过的培养瓶、无菌纸等，小搁架的尺寸是高100厘米，宽50厘米，长120厘米，分为4层，每层相间25厘米，用4毫米玻璃做搁板。架子上可以存放许多瓶子，几乎够一个多星期之用。医用小推车一台，用来推送接种好的培养瓶，如果没有，也可以使用大白瓷盘代替。因为组织培养工作每天过手的组培瓶数量很大，用小推车可以提高效率。同时应考虑在设计准备室、接种室、培养室的门时，注意不留门槛，而又不妨碍密闭。确实需要门槛，应在门槛两侧加护坡，以便小车平稳推送。

3. 培养室

整个植物组织培养工作的几个房间，如有可能，应尽量安排在楼层较高处，以利于采光，减少尘埃和杂菌污染的机会。此外应考虑清洁干燥，培养室还要讲究保温隔热。如果是新建筑，专为组织培养设计，培养室为了减少能源消耗，应尽量利用自然光照，最大限度地增加采光面积，除必要的承重结构外，全部安装落地式双层大玻璃窗，并在窗外设置防止阳光直射的半透明瓦楞板。培养室的四壁可选白色或浅米黄色防霉油漆图层、涂料或墙纸等，地面最好是白水泥或白水磨石面，顶部为白色，总之各处都应增强反光，以提高室内的亮度。

培养室的温度要求常年保持在25℃左右，因此房屋构造上要做到保温、隔热、防寒性能良好，做到冬暖夏凉。温度调节常常借助空调，为了节省投资可以买只有制冷功能的空调。在华南等冬暖地区，冬季有辅助照明灯产生的热量即可很容易使室温维持在25℃左右。在我国中部和北部地区，冬季可以用电炉连接控温仪来解决，这套装置的费用不多。

培养室的主要设备与用具有：

（1）培养架与灯光：培养室是放置培养物的场所，是成千上万幼苗的培育室、生长室。培养室内整齐安放若干个培养架，培养架的高度可以根据培养室的高度来定，以充分利用空间。如果以研究为主，架子就不要太高，以不站凳子手能拿到瓶子为宜。一般每个架子设6层，每30厘米为一层，最下一层距地20厘米，架宽以60厘米为好。如果以快繁为主，培养架的高度几乎就可以和培养室一样高，大约可以分为10层，这样可以摆放大量的培养瓶，管理高层放置的瓶子可以借助于梯子。由于培养期间并不需要太多照看，这样充分利用空间是很可取的。视培养物的需光程度，架子上安装1~2盏日光灯。40W日光灯管的长度也往往决定了培养架的长度，即约126厘米。用4毫米的玻璃做搁板，有利于光线的利用。此外也可以用木制培养架等。如果采用日光照明，也可以不装灯。每层架可放置250毫升组培瓶6~8行，每行20瓶，总计120~160瓶。光照强度大约在800~1600勒克斯，这对于大多数培养物来说基本没有问题。在培养阴生植物或耐弱光的植物时，为节约电力和减少灯管损耗，可以每层架交错地开亮1盏灯，但距离灯最远处宜保持光照强度在500~800勒克斯左右，否则幼苗生长过于细弱，生长也太慢。

在采用日光为光源或日光并辅助人工光源的条件下，培养架都应纵向对着窗户，以避免第一排架子光线过强，而第二、三排架子光线太弱。纵向排列可以使全室光线分布比较均匀。

学生在培养室学习

（2）时控器：这是自动开关的设备。时控器通过交流接触器控制送电或断电，当时控器盘面行走到小卡了固定的时间刻度时，内部的机械装置动作造成电流的通或断。将时控器和交流接触器安装在电路里就可以控制开关灯，也可以每天定时开关几次。例如，夏天高温时节，可以在天快亮时开灯（提早到4点钟或5点钟），而在中午气温高时关停几个小时，夜里再补充光照几个小时，以降低温度和减轻空调机的负荷。

（3）空调机：采用冷暖空调最方便。空调机应安置在室内较高的位置，以便于排热散凉，容易使室内温度均匀。在夏季想用空调机将室温降到25℃左右，培养室就不要过大，保温密闭条件要好，尽量利用日光，少开灯，在夜间或凌晨低温时，加强通风，驱除室内郁积的热等等。我们在广州的一些苗木生产厂家参观时发现，由于场地限制，也为了节约成本，他们在夏、秋、冬三季的时候，在室内和室外的自然条件下，采用包头纸或者保鲜纸包住组培瓶的瓶口并适当遮蔽强光等简单操作后，兰科植物等试管苗也可以苗壮生长。可见如果没有空调机降温，只要肯尝试，也是可以做出许多成果的。

（4）温度湿度计：用于观察记录培养室的温度和湿度，可以根据工作的需要适当选购。

第五章 兰花的繁殖

二、基本操作技术

1. 洗涤

植物组织培养最重要的，也是最基本的要求，就是各项操作都应从无毒害、无污染的培养环境考虑。培养过程中最大量的工作之一，就是洗涤培养瓶及其他常用器皿。

清洗器皿处应该有较大的水池，便于浸泡器皿和批量清洗器皿。自来水龙头宜用三孔鹅颈式的，用水方便，需要时可加装抽滤器。最为常用的洗涤剂是家庭用的洗衣粉和肥皂两种。备些去污粉，如用冷的洗衣粉水洗，效力欠佳，可适当增加浓度或加热。

洗瓶时先将瓶子放在清水中泡一段时间，然后刷去瓶内污物，沥干水，泡入浓洗衣粉水中，再用瓶刷沿瓶壁上下刷动和沿周围旋转刷洗。瓶外也要洗刷。刷后应放到水龙头的流水下冲洗4次，以除去洗衣粉残留物。洗好的瓶子应透亮，内外壁水膜均一，不挂水珠即表示无污迹存在，可直接放入洁净的大筐中，置架上沥晾水汽。也可制作晾洗架，瓶子倒放在孔格中或挂于小木棍上。急用的瓶子可用烘干箱烘干。

移液管一类的仪器，可用橡皮吸球（洗耳球）和热水洗衣粉水吸洗，再放在水龙头下用流水冲净晾干。带刻度的计量仪器不宜烘烤，以免玻璃变形，影响计量准确度。如洗后急用，可用要吸量的液体吸弃数次，或用95%酒精吸弃数次便可使用。

2. 消毒

消毒是指使用较为温和的物理或化学方法杀死物体表面或内部的部分微生物（不包括芽孢和孢子）。实验室常用的消毒方法有：

（1）煮沸消毒法。在100℃的水中煮沸5～6分钟可以杀死微生物细胞核一部分芽孢。

（2）巴氏消毒法。对于一些不耐高温的液体（如牛奶），在70℃～75℃的水中煮30分钟或在80℃的水中煮15分钟，可以杀死牛奶中的微生物，并且使牛奶的营养成分不被破坏。

（3）化学药剂消毒。用70%的酒精擦拭双手和超净工作台的台面等；用高锰酸钾溶液对移栽的试管苗进行消毒；每周适量在无菌室喷洒苯酚或煤酚皂溶液等消毒液消毒；用次氯酸钠或者升汞对外植体进行消毒等。

（4）紫外线消毒。每次使用无菌室时都要提前打开紫外灯照射30分钟，以杀死物体表面或空气中的微生物。紫外线灭菌的优点是：使用方便，对多数物品无害；灭菌时不必派专人看管，可作为永久性设备。缺点是：穿透力差，不能透过不透明的物体，只能用于表面灭菌，对真菌杀伤力弱。但是紫外线对人体有害，不要在开启紫外灯的情况下工作，特别是不要用眼睛直视紫外灯。而且，每次用紫外灯消毒结束关掉紫外灯后最好等待20分钟再进入无菌室进行无菌操作，这样可以减少臭氧对人体的伤害。

3. 灭菌

灭菌是指使用强烈的理化因素杀死物体内外所有的微生物，包括芽孢和孢子。

（1）灼烧灭菌。将组培使用的镊子、解剖刀等金属用具直接在酒精灯火焰的充分燃烧层灼烧，可以迅速彻底的灭菌。此外，对于组培瓶瓶口等容易被污染的部位，也可以通过火焰灼烧来灭菌。

（2）干热灭菌。对于能耐高温的、需要保持干燥的物品，如吸管、培养皿等玻璃器皿和金属用具等，可以将灭菌物品放入干热灭菌箱内，在160℃～170℃加热1～2小时可以达到灭菌的目的。

干热灭菌的操作方法如下：

① 装入待灭菌的物品：将待灭菌的物品（如塞上棉塞的试管、锥形瓶、培养皿、吸管等玻璃仪器）用牛皮纸或干净的报纸包裹严密后，放入干热灭菌箱。注意物品不要摆得太挤，以免妨碍热空气流通。同时，灭菌物品也不要与干热灭菌箱内壁的铁板接触，以防包装纸烤焦起火。

② 灭菌：关好干热灭菌箱的箱门，旋动恒温调节器，设定温度为160℃～170℃。当温度升到150℃左右时，保持此温度3～4小时。由于干热灭菌温度较高，操作时要注意防止烫伤。

③ 降温：关掉电源，自然降温。

④ 开箱取物：等温度降到70℃以下后，打开箱门，取出灭菌物品。注意温度未降到70℃以前，切勿打开箱门，以免玻璃器皿炸裂。

（3）高压蒸汽灭菌。将灭菌物品放置在盛有适量水的高压蒸汽灭菌锅内。现在基本都是用全自动的高压蒸汽灭菌锅，只要关好锅盖，设定好温

度和时间就可以不用再盯着了。为了达到良好的灭菌效果，一般在压力为100KPa，温度为121℃的条件下，维持20分钟左右。注意，达到灭菌时间后，切断电源，让灭菌锅内的温度自然下降，当压力表的压力降到零时，打开排气阀，打开盖子取出灭菌物品。如果提前打开排气阀，锅内压力突然下降，灭菌容器内的液体会冲出容器，造成污染。

三、MS培养基母液（储备液）的配置

在组培中，配制培养基是经常性的工作，同时也较为烦琐。例如，每种培养基配制所需药品大多在20种左右，若每次配置培养基都称量二十几次，非常浪费时间和精力，而且有些药品用量非常少，如每升MS培养基只需0.025毫克的$CuSO_4 \cdot 5H_2O$，即使是万分之一电子天平也不可能称量那么小的单位。因此，为节省时间、精力和保证准确，我们将各种药品浓缩成一定倍数的母液，然后再保存使用。一般母液的浓度要比实际所需的浓度高出10～100倍。

1. 大量元素母液的配置

培养基的大量元素一般有5～6种无机盐，最好各自配成母液储存备用，也有将5～6种无机盐混合在一起配成母液，但是MS培养基中的钙盐最好单独配置。大量元素母液一般比使用浓度高10～100倍。按照列表中的大量元素顺序称量，溶解在少量蒸馏水中，每次加入的大量元素搅拌后彻底溶解时才能再加入下一种大量元素，最后定容到1升。大量元素可以用精确到1/100或1/1000的工业天平称量，微量元素要用精确到1/1000或1/10000的分析天平称量。配置好的母液贴上标签，用棕色容量瓶储存在冰箱内。要注意避免因浓度过高或不适当的混合而引起沉淀，影响培养效果。下面是配置1升浓缩了20倍的MS培养基每种大量元素母液的用量，在配置1升的MS培养基时，只需要从大量元素母液中取50毫升即可。

硝酸铵NH_4NO_3	33000mg
硝酸钾KNO_3	38000mg
二水氯化钙$CaCl_2 \cdot 2H_2O$	8800mg
七水硫酸镁$MgSO_4 \cdot 7H_2O$	7400mg
磷酸二氢钾KH_2PO_4	3400mg

2. 微量元素母液的配置

微量元素用量极少，每升培养基中仅含0.1微克，甚至更低，因此微量元素母液的浓度可以高一些，通常可以高到200~1000倍。一般将7~8种微量元素分别称量，依次溶解在蒸馏水中，再定容到规定的体积。下面是配置1升浓缩了200倍的MS培养基每种微量元素母液的用量，在配置1升MS培养基时只需要从微量元素母液中取5毫升即可。

碘化钾KI	166mg
硼酸H_3BO_3	1240mg
四水硫酸锰$MnSO_4 \cdot 4H_2O$	4400mg
七水硫酸锌$ZnSO_4 \cdot 7H_2O$	1720mg
二水钼酸二钠$Na_2MoO_4 \cdot 2H_2O$	50mg
五水硫酸铜$CuSO_4 \cdot 5H_2O$	5mg
六水氯化钴$CoCl_2 \cdot 6H_2O$	5mg

3. 铁盐母液的配置

铁在植物代谢中起着重要作用，能够促进细胞分裂与生长，缺铁时细胞分裂停止，也会有失绿症状出现，这与铁影响叶绿体的结构组成、叶绿素形成有关。为了确保铁元素的稳定供应，目前培养基中多用有机螯合铁。分别溶解$FeSO_4 \cdot 7H_2O$和$Na_2-EDTA \cdot 2H_2O$在各自的450毫升蒸馏水中，适当加热并不停搅拌。充分溶解后再将两种溶液混在一起，调整pH值到5.5，最后加蒸馏水定容到1000毫升。配置1升MS培养基时只需要从铁盐母液中取5毫升即可。

二水乙二铵四乙酸二钠$Na_2-EDTA \cdot 2H_2O$	7460mg
七水硫酸亚铁$FeSO_4 \cdot 7H_2O$	5560mg

4. 有机物母液的配置

只含有大量元素和微量元素的培养基称为基本培养基，通常不能单独用于植物组织培养，需要加入有机物才能促进培养材料的快速生长。有机附加物主要有维生素、氨基酸、肌醇和天然提取物等。下面是配置1升有机物母液时的用量，在配置1升MS培养基时只需要从有机物母液中取5毫升即可。

肌醇	20000mg
烟酸	100mg
盐酸吡哆醇	100mg

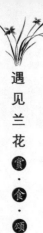

| 盐酸硫胺素 | 20mg |
| 甘氨酸 | 400mg |

四、MS培养基的配置和灭菌

MS培养基是1962年由Murashige和Skoog为培养烟草细胞而设计的培养基，特点是无机盐浓度高（钾盐、铁盐、硝酸盐均较高）；元素比例适当，离子平衡性好，具有较强的缓冲性；营养丰富，元素种类齐全，使用广泛。适用于植物的器官、花药、细胞和原生质体培养，效果良好。

在已经配置好MS培养基母液的基础上，下面以配置1升MS培养基为例，介绍一下具体的操作程序。

1. 溶化琼脂

在洁净的不锈钢锅里加入约700毫升的蒸馏水（如果不是实验用而是生产兰苗用的话可以直接使用自来水），打开电磁炉加热，同时称量7克左右的琼脂粉或者琼脂条和25克的蔗糖，加入蒸馏水中边搅拌边加热，直到完全溶化，一般等琼脂完全溶化后再加入蔗糖。

2. 量取母液

把冰箱里的MS培养基母液取出来，先用量筒取大量元素母液50毫升，然后用微量移液器取微量元素母液5毫升，再量取有机物母液5毫升，最后量取铁盐母液5毫升，将按照这个顺序加入的母液一起放入不锈钢锅里，按需要加入植物激素母液。

3. 添加辅料

一般在无菌播种的培养基里添加100毫升的椰子汁，可以直接从椰子中取出椰汁加入不锈钢锅里。如果是添加200克马铃薯和20克香蕉，可以先称取马铃薯200克，切成小块，煮熟后再用榨汁机和称好的香蕉一起打成汁，再加入不锈钢锅里。

4. 定容1升

事先用量杯测出1升溶液在不锈钢锅里的位置，并做好标记，或者直接购买带有容量标记的锅。当所有的试剂都已经加入并溶化之后，可以加入蒸馏水定容到1升的位置。

5. 调节pH值

充分混合后用1摩尔/升的NaOH或者HCl来调整溶液的pH值到需要的

值，兰花组培的培养基pH值一般调至5.8，可以用精密pH试纸或者酸度计来测量。

6. 分装密封

趁热将培养基倒入下口杯或者塑料量杯中都可以，然后及时分装到组培瓶中，一般每个组培瓶加入30毫升左右的培养基，注意培养基不要沾到瓶口或者试管口，以免日后引起污染。分装时应不时震荡量杯中的培养基，否则先后分装的各瓶培养基，其凝固能力会不同，可能导致有的组培瓶中的培养基因为琼脂不够而不能凝固的现象。分装完成后用瓶盖及时密封。常用的封口物有铝箔、棉塞、硫酸纸、耐高温塑料膜、瓶盖和包头纸等。其中铝箔覆盖定型后不易变形，无须用线绳进行固定，使用极为方便。兰花组培时一般直接使用组培瓶盖，比较方便。

7. 灭菌保存

分装好的培养基需要及时放入高压蒸汽灭菌锅进行灭菌，以防止微生物滋生和污染。此时可以把事先用牛皮纸包扎好的硫酸纸和操作碟子一起放入灭菌，如果需要使用无菌水的话，也可以用组培瓶加入适量蒸馏水，盖上盖子一起灭菌。灭菌后的培养基取出自然冷却，凝固备用。通常保存在无菌室里，一般可以放置几个月都没有问题，但是最好在1~2周内用完。如果需要加入过滤灭菌的药品，应在高压灭菌后、培养基凝固之前加入并轻摇混匀。

五、无菌操作技术

植物组织培养对无菌条件的要求是非常严格的，甚至超过微生物的培养要求。这是因为培养基含有丰富的营养物质，稍不小心就会引起杂菌污染，由于微生物繁殖极快，同时还分泌对植物组织有毒的代谢废物，从而导致植物组织死亡或失去使用价值。

初学植物组织培养技术的人，首先要建立有菌的概念和无菌操作的意识，即必须明确无误地认识和了解哪些东西是有菌的，哪些东西及其一部分是无菌的，否则工作中出了问题，也不知道出在哪一个环节上。

有菌的范畴：这里所指的菌，包括细菌、真菌、放线菌等微生物，它们的特点是无孔不入，无处不有，所以有菌的范畴几乎就是无限大的，即使是无菌室、超净工作台也都是有菌的，只不过经过处理后菌的数量相对少很多；所有的培养容器无论清洗得多么干净，也都是有菌的；简单煮沸过的培养基是有菌的；人体的整个外表面和与外界相通的内表面，如整个消化道、呼吸道的内表面也都是有菌的；我们使用的剪刀、镊子和解剖刀等工具在未处理之前，都是有菌的。这些微生物肉眼是看不见的，在条件适宜的时候它们会大量滋生，这时能看到它们的集合体或形成的菌落、飘散的孢子等。但是它们也有自身的弱点，我们可采取适当的办法消灭它们，这些方法就叫作消毒或灭菌。

无菌操作包括接种室消毒、外植体消毒、镊子等工具的灭菌、材料切割和接种、无菌苗的转接等环节。

1. 接种室消毒

在无菌操作之前，要打开接种室和超净工作台的紫外灯消毒30分钟，然后关掉紫外灯，大约等待20分钟后再进入接种室开始接种工作。这样才能避免紫外线照射对工作人员造成伤害。

2. 外植体消毒

兰花的侧芽、茎尖、种子等均可作为外植体用于诱导原球茎。一般认为茎尖优于侧芽，处于中上部的侧芽又优于基部侧芽。外植体的大小以带有1~2个叶原基、1~2毫米的芽为宜。过小的外植体不仅活力弱，而且增殖部位也少，因为除了生长点外，在生长点与叶原基之间的组织分裂增殖能力也较强。而过大的外植体则诱导困难，容易褐化死亡。由于采用侧芽或茎尖对母株损害很大，因此尝试采用其他部位，如根、幼叶、花梗节间以及腋芽等作为外植体，因诱导难度更大，除了花梗、腋芽培养成功外，其余尚未取得成功。

因为外植体是有生命的植物组织或器官，所以对外植体的消毒过程，既要尽可能多地消灭外植体表面的微生物，又要保证外植体不受到伤害。一般不建议使用有毒的氯化汞来消毒，建议采用次氯酸钠消毒，比较安全可靠。为了达到较好的消毒效果，可以采用多种消毒剂进行交叉消毒。下面以蝴蝶兰的花梗节间和腋芽为例介绍外植体的消毒、切割和接种。

取花梗洗净后切成3~5厘米长的切段，
每段一个节点，去除花梗、腋芽上的苞叶

用70%的酒精擦拭表面后，浸泡在2%的
次氯酸钠中振荡消毒10分钟，用无菌水冲洗3次

在超净工作台的无菌培养皿中将接触
消毒液的两端切去后，把花梗节间斜切成小薄片

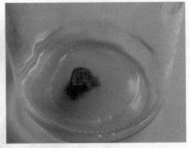

为了避免交叉污染，每个组培瓶中接种一个节间组织，诱导出原球茎

把带有腋芽的花梗切断插入
培养基中培养

花梗、腋芽萌发成幼苗

采用不同基本培养基和生长调节物质浓度组合诱导原球茎发现，花梗可见后10d的切段诱导效果较好，较适宜的培养基为N6+5.0毫克/升6-BA+0.2毫克/升KT+2毫克/升活性炭。活性炭控制外植体褐化的效果明显优于维生素C。类原球茎增殖的适宜培养基为1/3MS+0.3毫克/升TDZ+0.2毫克/升NAA+2毫克/升活性炭。

3. 外植体切割与接种

在切割已经消毒好的外植体之前要做好灭菌的准备工作。利用酒精灯火焰先对搁置架进行灭菌，然后把浸泡在90%的酒精中的镊子和解剖刀进行灼烧灭菌，并放置在搁置架上冷却。打开已经灭菌的无菌圆碟和无菌纸的包装，然后用镊子夹取无菌水中的外植体，在无菌滤纸上吸干水分，用解剖刀在无菌纸上对外植体进行切割，每次切割一个外植体就及时把切好的外植体接种到培养基中。接种时要先把组培瓶口在火焰上灼烧一下，然后再打开瓶盖，打开瓶盖后不要急于接种，要把瓶口在火焰上转动灼烧灭菌，接种完时还要再次把瓶口在火焰上灼烧一遍才能盖上瓶盖。每次用完的无菌纸必须更换，用完的镊子和解剖刀要浸泡在90%的酒精瓶中，换一个新的镊子和解剖刀对另一个外植体进行切割和接种，这样能有效避免交叉污染，提高接种的成功率。

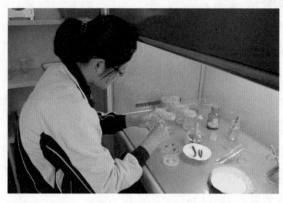

切割与接种

4. 原球茎的诱导和增殖

目前，所有成功的兰花组织培养快速繁殖技术都是通过原球茎形式实现快速增殖的。国兰的组织培养快速繁殖途径与洋兰相比最大的区别在于许多品种还要经过根状茎阶段才能萌发形成完整植株。原球茎诱导成功率随外植体取材部位、品种、培养基等的不同而不同，其中以种子作为外植体的诱导成功率最高。也可以采用花梗、腋芽等容易取材的部位进行诱导，先培养成无菌苗，再利用无菌苗进行原球茎的诱导，可以提高成功率。茎段、侧芽接种3~6个月，根状茎形成后即可进行分割继代增殖。增殖培养基大都与诱导培养基基本相同，有些品种需对生长调节剂浓度稍作调整。增殖培养中，原球茎的分割不可太小，培养群体不可太少，继代培养时间不可太长，否则原球茎生长不良，甚至死亡。继代间隔时间一般20~30天，有些需要更长时间。原球茎最佳的切割方式应是掰开法，即将大丛的原球茎顺势掰成小丛或单个，这样造成的损害最小，原球茎恢复生长快，增殖倍率更高。

在原球茎的增殖培养基中经常添加椰子汁。椰子汁（椰乳）常用缩写CM表示，是椰子种子的胚乳，营养丰富且复杂，含有玉米素等植物激素，还具有缓冲培养液pH值的功能。添加椰子汁对于兰花原球茎的诱导、增殖及分化具有良好的效果，被广泛应用于兰花的组织培养。通常在培养基中添加体积比为10%~20%的椰子汁，加热灭菌或过滤灭菌后添加。此外，还经

常将成熟的香蕉果肉打成果汁添加进培养基中，可以明显促进原球茎发育成完整植株及加速小苗的生长，其用量通常为20～200克/升。

5. 无菌苗的转接

利用增殖的原球茎分化成苗比较容易。将根状茎接种在分化培养基上，在1000～2000勒克斯光照下每天10小时，温度在23℃～25℃，2周时间左右可以分化出兰花幼苗，不久即可分化出兰根。在无菌播种时，因为种子分布比较密集，原球茎分化处的无菌苗也很密集，需要及时进行无菌苗的转接，以减少无菌苗之间的竞争。移栽之前的壮苗培养也是必需的，通常在兰苗高2～4厘米时将其从根状茎基部切下转入壮苗培养基中培养，培养温度提高到28℃，延长光照时间和强度，以促进幼苗的正常生长。一般当兰苗长至12厘米高具有3～4片真叶时就可以移栽了。

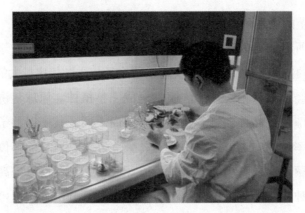

无菌苗的转接

第六章　热带兰花的栽培与养护

第一节　试管苗的移栽

一般来说，当热带兰花试管苗长出3～4片真叶和3～4条根、高5～10厘米后，才可以从组培瓶中移出来种植。因为试管苗从无菌环境来到有菌的环境后，周围的温度和湿度变化比较大，所以通常先移栽到苗盘里在温室中精心培养一段时间，让其适应环境并长出新的根和叶，半年以后再移栽到花盆中在自然环境中生长。

兰花的试管苗比较细弱，容易受伤，为了避免出瓶时比较困难，在配置壮苗培养基时，可适当少加一些琼脂，降低培养基的硬度，这样幼苗出瓶时相对比较容易。为了提高幼苗的抗性，通常在试管苗出瓶前的24～48小时把组培瓶的瓶盖打开，让其处于有菌的环境中，以充分适应外界环境，但是打开的时间不能太久，以免引起培养基发霉。从试管中取出的兰苗要用水轻轻地冲洗掉附着在兰根上的琼脂，否则根部会因为琼脂发霉而引起腐烂。冲洗后的兰苗放在高锰酸钾溶液或者消毒水中消毒后取出晾干水分，也可以不用消毒直接把冲洗干净的兰苗直接在阴凉通风处晾干，待根部钝化出现白色的保护层后就可以上苗盘了。

兰苗一般选用保水能力强、透气性好的水苔来移栽。水苔是一种生长在高湿山林中的地表植物，绵软而富有弹性。买来的干水苔先用水充分浸泡，然后拧干待用。把晾干的兰苗根据大小和强弱进行挑选，一般选择长势相似的兰苗3～5棵一起用水苔包裹其根部，然后放置在苗盘里，松紧要适度。移栽后的苗盘要放置在阴凉通风处，等到水苔干了以后再浇水，但是每次浇水都要让水苔充分吸水，也就是要浇透水。移栽通常在气温20℃左右进行，这样的环境温度与兰苗在温室中的温度基本一致，兰苗比较容易适应，存活率比较高。

浸泡并拧干水苔　　　　　　　　冲洗兰苗的琼脂

晾干兰苗

用水苔把兰苗栽培到苗盘里

214

把苗盘放置在阴凉通风处

学生在国家兰科中心的科技实践活动之兰苗的移栽

第二节 兰花的上盆

当移栽的兰苗已经长出新的根、茎、叶时，说明已经适应了环境，可以转移到花盆中养植了。在植株比较小的时候，适合选择小的兰盆，等植株长大后再及时分株换盆。一般可选15厘米、20厘米、25厘米的陶盆或紫砂盆分别种3苗、5苗、7苗。新陶盆使用前最好用水浸泡，除去火气。

兰盆的选择范围比较广，但是透水透气的兰盆最好，主要有塑料盆、瓦盆、素烧陶盆、彩釉瓷盆和紫砂盆。瓦盆透气性好，水分蒸发快，有利于发

根；塑料盆透气性差，但价格低；紫砂盆的透气性介于两者之间，较美观。当然为了节约成本，一般选用重量比较轻的塑料花盆，通常会在塑料盆的盆壁上钻孔，以增强透气性，盆底中央有排水孔，上盆时可以在花盆底部放置较大的兰石或者木块，增加根部的透气性，防止浇水过多，造成烂根。盆形以喇叭形高筒盆为主。

栽培的植料选择范围也很广，原则上依然是要求透水和透气，又能保水和保湿，大致可以分为下列9类，可以根据需要进行混合配制使用。

一、石 料

石料有膨胀石、海浮石、珍珠岩、植金石、兰石（塘基石）等。植金石是经过人工加工制成的一种火山石，质地轻，排水透气性能好，不易烂根，不易滋生病菌，符合卫生要求。这类石料因含肥少，种植叶艺兰最佳，可防"走艺"。种植其他兰花要注意施肥。

二、陶 料

膨胀陶粒是专为种花而烧制的透气颗粒，大小如花生米或黄豆，因为质地较轻，可以混合砖碎和瓦碎等一起使用。

三、土 料

土料有仙土、塘泥、火烧土、腐殖土、泥炭土等。仙土的团粒结构好，透气性能强，有利于发根，但是容易干燥，多与植金石混合使用。所有土料都是加工成团状或块状的，目前市面上也有加工成细圆柱状的混合土料出售。凡用土料栽培的，盆底最好填盆高1/4～1/3的石料、陶料，以利于透气排水。

四、砂 料

砂料有河砂、风化岩风化的岩砂等。砂料透气性好，可掺两三成的火烧土或腐殖土，也可以掺七成左右的木屑（以培育真菌的废弃培养料里的木屑为佳，促根效果好），以增加基质的肥分，提高保水性。

五、渣 料

渣料有煤渣、蔗渣、棉渣、贝壳渣等。煤渣可砸成沙粒状，筛去粉末，并用水反复冲洗，退其火气，然后掺糠料使用。其优点是取材方便，省钱，且栽植效果好，但是煤渣有一定放射性，不宜多用。

六、糠料

糠料有木屑、椰糠等。椰糠是椰子壳粉碎成的糠状物，保水性能好，可以掺三成的砂料、陶料、石料等，提高排水和透气性能。

七、植物纤维料

植物纤维料有水苔、树皮、蕨根等。水苔易酸化，适宜短期栽种。其他植物纤维料一般须用水煮过，使其脱去糖分和胶质，然后剁碎晒干。生纤维容易发热而伤兰根。

八、壳料

壳料有谷壳、花生壳、核桃壳、笋壳等。这些壳料均应适当沤制后使用，宜掺糠料或砂料，可用于栽培各种兰。

九、粪料

粪料主要指吃草动物的干粪。一般混合渣料、砂料、糠料后使用，因透气、排水且具肥分而见长，使用前必须用农药消毒灭菌或经过暴晒。

家庭养兰，通常以干净无菌的植金石掺少量仙土颗粒，或者全部使用松树的树皮即松木块，这样比较好打理，又能保证兰花的保水透气的要求，以及弱酸性的pH值。

上盆时，先在花盆里放置少量的植料，然后把苗盘里的幼苗取出来，连带水苔一起放入花盆中间，用手固定根部，然后在四周加满植料，并摇动花盆通过震动使植料充实在兰苗周围，固定好幼苗即可。如果是新购的兰苗，应将朽根、空根剪去，无叶的老鳞茎也应分离，修剪后用自来水洗净。再用甲基硫菌灵（甲基托布津）或高锰酸钾溶液（均为800～1000倍溶液）浸泡根系10～15分钟消毒，取出后在阴凉处稍微晾干后再装盆。兰花一般丛生，有利于兰根周围益生菌的繁殖，容易存活，所以栽植兰苗时一般每盆种3株以上。种好后立即浇水，而且要把水浇透，让植料充分吸收水分。

从苗盘里把兰苗栽植到花盆里　　　　刚刚上盆的兰苗放置在阳台养护

对兰苗进行上盆　　　　　　　把兰苗直接种植到树干上附生

第三节　兰花的养护

一、阳台养兰

阳台环境通风效果较好但是往往湿度较低，可以安装定时喷雾的设施，随时保湿。朝向东、东北或东南方向的阳台可以避免上下午强烈的光照；南向的阳台光照充沛，需要配备遮阳的设施，或将兰盆置于阳台围栏下，避免阳光直射；西向阳台下午阳光辐射强烈，易受西南风吹刮，不易保持空气湿度，一般不易作养兰之用；北向阳台，冬季没有阳光，夏季下午西晒较强烈，所以需要适当增光或遮阳，可以采用水性涂料涂在玻璃或者塑料材料上，达到遮光的目的。无论什么朝向的阳台，都可以利用不同的兰花品种进行搭配，巧妙地形成微型生态系统，互相遮光和增湿。在光照强的地方，种植喜阳的附生兰，如文心兰、万代兰、卡特兰、指甲兰、石斛兰等，可以采用树枝吊挂的方式养植，树枝以带皮的荔枝树、樟树、椴树、杉树为佳，栽培的植料上采用保水的植料，如水苔、椰糠、蕨根、松木块等。

在阳台养兰浇水和增湿很关键，可以在阳台放一个大的塑料桶装水，自制一个简单的管式喷雾器定时喷雾，或者购买增湿器、假山用的微波雾化器、水帘等，营造一个湿润的"小气候"，每次喷雾加湿必须充分，以不见滴水为度，但是地生兰应放置在不易喷到水之处，否则容易造成烂根。如果是封闭式阳台，在夏天炎热时可以用空气净化冷风机进行通风、制冷、加湿；冬季严寒时可以用暖气吹风机，或者开一扇室内门让室内的暖气流入阳台。浇水时要注意时间，一般在上午9点左右，或者下午4点左右，每次浇水要注意让植料充分吸收水分，也就是要浇透水，等到植料干了后再次浇水。

二、窗台养兰

窗台大体有两类，一类是飘窗，有玻璃围窗，在室内，以东向的窗户光线最好，室内温度、湿度容易控制，可以经常开窗通风，选择干净无菌的植金石作为植料栽培附生的洋兰最好，如蝴蝶兰、卡特兰等，因为在室内，所以花盆宜小不宜大，植株宜矮不宜高，数量宜少不宜多，否则会显得杂乱无章，失去美感。另外一类是在窗户外面焊接的铁质或不锈钢的骨架，类似阳台的环境，虽通风但是温度、湿度不好控制，适合栽培适应能力很强的纹瓣兰等兰花，可以仿造野外兰花的生存环境进行栽培。

三、室内摆养

兰花属于半阴生的植物，很适合在室内摆养。通常把在阳台养到开花的洋兰移到室内摆养，附生的洋兰根和叶一般不具有观赏性，可以通过巧妙的布局进行遮挡，但是洋兰花大色艳，令人赏心悦目，很适合在室内摆养。而国兰无论是花还是叶都具有观赏性，可以长期摆养在室内，通常在室内固定的地方搁置一个架子，位置最好靠近窗口，可以接受来自窗外的散射光，切忌长期将兰花放置在暗处，不利于兰花的生长。一般室内适宜采用精美的紫砂盆栽培国兰，显得风雅高尚。平时多打开窗户，满足兰花通风透气的要求。

室内摆养兰花

四、庭院养兰

如果家里有一个庭院的话，可以利用兰花的不同特点进行搭配种植，提升观赏性。例如，在庭院的围墙顶上种植喜阳耐旱的石斛兰，可以是开金黄色花的鼓槌石斛，也可以是金钗石斛，或是春石斛，或是秋石斛；在树干上可以种植附生的跳舞兰，开花时一片金黄，仿佛一群舞娘翩翩起舞；在假山或者枯木上与苔藓和蕨类一起种植蝴蝶兰，有利于增湿，并提高观赏性，尤其是鹿角蕨，观赏性极强。

深圳市仙湖植物园的蝶谷幽兰一角

斯里兰卡一个农家小院墙壁和树干上的兰花

在围墙上盛开的鼓槌石斛
和天官石斛

墙顶上盛开的石斛

兜兰与巢蕨、鹿角蕨、铁线蕨、苔藓、空气凤梨组合的景观

五、施肥

兰花和其他植物一样，需要大量的氮、磷、钾肥。在兰花不同的生长发育阶段，所需要的养分有所不同，施肥就是为了满足兰株对养分的要求。

氮肥主要促进兰叶的生长。在兰苗的叶芽萌发及其生长时期，适当增施氮肥。缺氮老叶容易枯黄脱落，尤其是磷和钾肥供应不足时，会造成叶片徒长，不开花，易倒伏。

磷肥适宜在开花前施用，能使兰株假鳞茎粗大结实，促进开花。缺磷则茎叶徒长，叶色灰暗，磷过量则导致植株矮小等。

钾肥有利于增强植株抵抗各种病害和冻害的能力。缺钾时根系生长受抑制，根少苗弱。一般中苗以上的兰株都可以用含钾高的肥料。

家庭养兰常使用没有臭味，容易施加的肥料。市场上的兰肥大多为完全性肥料，主要元素和微量元素一应俱全，对于家庭养兰者来说十分方便。多元叶面肥，如花宝和花康等，溶于水后进行叶面喷施；生物菌肥，如兰菌王等，用于喷施以进行根外追肥；长效颗粒肥，如魔肥、好康多、奥妙肥等，置于盆面，随着浇水缓慢溶解，逐步施肥。当然，也可以用淘米水浇花，用养鱼的鱼缸水浇花，用自制的酵素水稀释后浇花，这些都是生活中很容易获得的肥料。在兰花的生长季节一般每2周施肥一次，非生长季节不施肥或尽量少施肥。尤其是素心花，都不喜肥，肥料多了就不会开花。事实表明，与肥料不足相比，肥料过多对兰花的伤害要大得多，特别是在光照不足，而且环境干燥时，害处尤其大。因为盐分的积累会严重伤害兰花植株的根部，所以，在非商业用途的栽培中往往主张不施肥料。其经验是：多给光，少施肥，勤淋洗，千万别让基质中的盐分危害兰花植株。夏天，也可以用充分发酵的熟黄豆水，经过清水稀释后用来浇兰，可使叶色润泽，花开繁茂。

六、浇 水

兰花的原始生境几乎都是在经常有水分供应，但是又不会滞留水分的地方。通常认为，热带附生兰在生长季节的晴天高温天气，要比亚热带地生兰在休眠季节的阴雨低温天气需要更多的水。浇水的时间最好选在早上9点左右，此时，温度微升，水温与室温大致相近，在黄昏以前叶面的水分早已晾干，不会留水分过夜造成烂叶。如果基质过于干燥，应连续多次浇水，使基质湿润为度。通常采用"连续两次浇水法"：第一次浇水用来溶解基质中的盐分；第二次浇水是在30~40分钟以后进行，用来冲洗基质中的盐分。每次浇水必须浇透，使基质充分吸水，排水后能较长时间保持润而不湿为佳。一般而言，给兰花浇水应掌握一个原则：天热多浇，天冷少浇；天晴多浇，阴雨天少浇；小盆多浇，大盆少浇；健壮苗多浇，病弱苗少浇；空气干燥多浇，空气湿润少浇。在光线强时不可向叶面喷雾，因为水滴会折射和加强光线，从而对叶组织造成损伤；幼苗和小苗忌干燥，宜勤浇水。

室内的湿度一般要保持在70%~80%，冬季可以降低为60%。增加湿度的方法主要是向地面洒水或向空气中喷冷蒸汽，而湿度过高时，则用通风来调节。

通风是种植一切兰花的最重要的条件之一。室内的通风主要靠排风扇，辅以开窗通风。通风可以更换新鲜空气，还可以调节温度和湿度，抑制病虫害的滋生和蔓延。

第七章　病虫害防治

　　病虫害的发生与温度、湿度、光照等环境条件密切相关。在春夏之交的多雨潮湿季节，温度较高，空气湿度大，有利于病菌、害虫的繁殖。如果阳光充足、空气流通、栽培基质无菌无污染等，病菌就难以繁殖。兰花的害虫，有的喜光，如食叶性害虫，减少光照时间与强度可以抑制虫害；有的怕光，延长光照时间或提高光照强度可以抑制虫害。

　　家庭养兰以预防病虫害为主。首先，要选购无病虫害的兰株，在栽植前对基质和兰盆进行消毒。其次，养护时注意通风透气，保持湿润，避免基质过干过湿，勤于观察，及时剪除病叶，隔离病株；也可以使用烧红的铁钉或者香烟烫烧病斑，防止病菌蔓延。如果发现叶面有少量介壳虫，无须用药，用手即可将其除去，或用蘸有医用酒精的药棉进行擦除。

第一节　病　害

　　兰花的病害是由病原体，如真菌、细菌、病毒的感染或环境和生理因素引起的。例如，由于浇水过度、通风不良而出现的根腐病；光照不足和缺素症导致幼芽出现白化病；兰花缺钾或铁等元素时，导致叶片出现黄化、软弱现象，部分叶片出现叶枯病；基质酸性过强导致兰叶出现褐色或黑色斑、叶鞘发黑等。这些病害都是不传染的，但是如果是由病原体感染引起的病害，则可以在兰株间相互传染。

一、真菌病

真菌可以通过空气、水、昆虫等进行传播。兰科植物中常见的有害真菌有：引起炭疽病（兰花斑点病）的刺盘孢属、引起黑腐病或心腐病的疫霉属、引起萎蔫病的镰孢属、引起花枯病的葡萄孢属、引起根腐病的立枯丝核菌等。这几种病害的病症可以说是大同小异，基本相似：先局部病变腐烂，后逐步扩大传播。一旦染上病害，需要及时喷施农药。在花店中出售的农药大多数为广谱杀菌剂，能防治多种真菌病害。

养兰花的朋友，不妨养两盆芦荟，除了供日常药用之外，还可以将芦荟用于养兰。当发现兰花叶面上发生黑斑病时，可用新鲜的芦荟黏液涂抹叶面病斑的两面，每天1次，涂抹3～5天即可有效控制黑斑的蔓延，效果明显。当兰叶焦尖时，可以将焦叶剪去，然后在剪口处涂上芦荟黏液，以后就不会再出现焦尖和焦边了。用新鲜的芦荟叶片100克，洗净后捣烂，浸泡在500克清水中，3小时后过滤去渣，再加500克清水，将原液混合后，即时喷洒兰叶的两面，可以预防多种兰花病虫害。此汁宜现制现用，不可久存。

另外将芦荟制成芦荟酒，每1000毫升水中加4～5毫升芦荟酒，用于喷洒兰叶的两面，可以有效防治病虫害。无病时可以30天浇一次，作为预防，有病时可以每天浇一次，连续喷洒5天效果明显。也可以用芦荟酒直接涂在兰叶的黑斑病病灶上，十分有效。

芦荟酒的制作方法：将芦荟肥厚叶片剪下洗净，用刀削去两边的刺，然后横切成小条，浸泡在50度的白酒中，1000克的芦荟用1000克的白酒浸泡，容器一定要密封，浸泡时间为30天。30天后酒的颜色已经成为红褐色，如葡萄酒色，此时可滤去渣，留下的即为芦荟酒。

在已知的500多个芦荟品种中，绝大部分为园艺观赏品种，可供药用的只有几个品种，如好望角芦荟、库拉索芦荟、元江芦荟、树芦荟、皂质芦荟等。其他芦荟品种不能作为药用，当然也不能用于养兰了。

二、细菌病

细菌是单细胞的原核生物，大多数细菌对其他生物来说是有益的，但是也有200多种细菌会危害植物。细菌主要通过代谢产生毒素，引起植物腐烂，或者是堵塞和破坏维管束，影响植物的正常生长。据目前所知，危害兰

科植物的细菌并不多，主要是引起褐腐病的杓兰欧氏菌、引起软腐病的欧氏菌、引起褐斑病的卡特兰假单胞菌、引起花腐病的假单胞菌等。这几种病害的病症也基本相似：受害植株首先在叶面出现柔软的、水渍状的小斑点，继而发展成轮廓清晰的、凹陷的黑色或褐色斑点。有时斑点为水泡状，联合在一起，周围有浅绿色或黄色晕圈。此病害常扩展迅速，会引起整个植株死亡。控制兰叶病斑扩散的方法很多，如用烟火烫烧、涂抹抗生素等。但最好用放大镜在日光照射下聚焦烧病灶，此法操作容易，治疗彻底，可以有效控制兰叶焦尖或病斑的进一步扩大。根据受害情况，也可以剪除病叶甚至清除整个植株。一般可用0.5%波尔多液或200毫克/升的农用链霉素喷洒，或在0.1%高锰酸钾溶液中浸泡5分钟，洗净后再行种植。还可以将韭菜汁和清水按1：60比例混合，用其喷洒兰株，每天喷洒2次，重复喷洒数天可以治愈黑斑病。

三、病毒病

病毒主要通过水流、昆虫叮咬、叶片摩擦等途径传播。目前已知感染兰科植物的病毒接近30种，大多见于栽培的杂交种，在野生兰中极为罕见。目前世界上还没有彻底治好病毒病的药物及方法。当发现兰叶上出现褪绿凹陷斑点或山水画样的环斑、环纹的植株，应立即予以销毁，防止其蔓延。

第二节 虫 害

在兰科植物中，较常见的害虫主要有蚜虫、介壳虫、螨、粉虱、蛞蝓、蜗牛等。害虫往往藏匿于兰叶背面、新苗、苞片和基质中，要多注意检查，温室地面如有苔藓、藻类等，也会招引蜗牛和蛞蝓。此外，蚂蚁会将蚜粉虱和介壳虫搬进温室，要注意对蚂蚁的防治和清理。

一、介壳虫

介壳虫又叫兰虱，蕙兰过于肥湿，就要生介壳虫，颜色黑的，在叶面近根的地方；颜色为白色，散布在叶背处。虽然介壳虫对兰花造成的危害并不严重，但是一旦存在就不易消灭。在闷热、通风不良的环境容易发生，繁殖速度快，有些种类产卵，有些种类可以直接生出小蚧，每年可繁殖2~7代，常寄生在叶片的中脉、叶背，以及叶鞘和假鳞茎上，用刺吸式口器吸取兰花汁液，致使叶片发生黄斑。如果发现叶上忽然出现白点，这就是兰虱。在数量不多时，要及时防治，可以人工清除，即用硬毛刷等工具除去虫体，或用竹签裹上药棉，蘸水调麻油，涂在叶面叶背，这样介壳虫便不再复生。也可以用鱼腥水或煮过的河蚌水，连续浇上数次，便可将其消灭。虫害严重时，可以用农药杀灭。因为成虫有蜡质介壳保护，农药杀灭效果差，最好在介壳虫孵化期喷药。还可以利用食醋和清水按1：8的比例混合后均匀喷洒在兰叶正背面，三天喷洒一次，连续喷洒3次就能杀灭已经成虫的介壳虫。叶面喷洒食醋液还可以消灭黑斑病、白粉病、叶斑病、黄化病等。也可以将白酒和水按1：2的比例混合喷洒兰叶，每周喷洒1次，连续喷洒3次可以杀灭介壳虫。

二、蚜虫

蚜虫主要危害兰科植物的幼嫩器官，通过刺吸式口器吸取兰花汁液，引起受害器官营养不良，还会传染病毒。有些蚜虫的唾液中含有生长素，会破坏植物生长发育的平衡，严重的会出现缩叶、卷叶、斑点、虫瘿等，引起畸形。此外，蚜虫的排泄物为蜜露，蜜露过多时会阻挡光线，影响光合作用，还会招致霉菌滋生，诱发煤烟病。蚜虫一年可以繁殖十几代或数十代，幼虫6~10天即可变为成虫，甚至可以进行孤雌生殖。蚜虫若数量不多，可以用棉球蘸乙醇人工清除；若数量多，则可以用40%乐果（乳剂）1000~2000倍液灭虫。还可以把大葱或者洋葱鳞茎切碎后，按其与水1：30的比例浸泡一昼夜后过滤，用其滤液喷洒兰株，可以防止蚜虫、红蜘蛛等。

三、螨虫

螨虫也叫红蜘蛛，是一种体型较小的节肢动物，体长不及1毫米，肉眼不易辨认，但可以看到周围有网状物。螨虫繁殖能力特强，在高温、干燥环境中5天左右可以完成一代的生长。植食性的螨虫通过刺吸式口器吸食栅栏层细胞叶绿素颗粒等内容物，使叶片呈现出黄色或白色小点，并逐渐扩大导致整层细胞坏死。个别植物发生时，可以用棉球蘸煤油揩擦叶面，效果明显。若数量较大，可选用20%哒螨酮可湿性粉剂2000～3000倍液、40%三氯杀螨醇（乳剂）1000倍液，每周三次，最好交替使用。

四、蓟马

蓟马成虫、幼虫均能危害兰花的花朵及嫩叶，花蓟马主要危害花朵，烟蓟马主要危害叶片。成虫体长仅稍长于1毫米，集中于花瓣重叠处，吸取汁液并产卵其上，导致花朵枯黄或开花后花朵皱缩扭曲，失去观赏价值。蓟马一年可繁殖6～10代，室外大多以成虫过冬，在春夏之交，干旱无雨的季节繁殖较快，危害较严重。成虫可用浅黄色、中黄色或柠檬黄色诱虫纸诱杀，也可用熏蒸的方法，即用80%的敌敌畏或2.5%溴氰菊酯倒在碟子上，在密闭的条件下和受害兰花植株放在一起，让其自然挥发，以杀灭蓟马。

其他害虫如蜗牛和蛞蝓，一般在早晨7～9点和傍晚危害作物，因其怕强光，怕干燥和水淹，可以通过夜间人工捕杀和毒饵诱杀。毒饵多用麦皮伴砒霜或敌百虫，撒在它们经常出现的地方。蛞蝓和蜗牛是杂食性软体动物，主食蔬菜瓜果。所以可以采用白菜叶诱捕的方法消灭，效果十分显著。

总之，燥湿关系处理不当，病虫害就会乘机入侵而使兰花受损。古人云，"兰喜阴，蕙喜阳"，但是，要做到燥湿得当、冷暖得宜和肥瘦得时、阴阳相继，不是一两年的功夫就能掌握的，需要在实践中不断总结经验，才能把兰花养好。

参 考 文 献

［1］路鹏.兰花大观［M］.北京：中国林业出版社，2015.

［2］刘怡涛.兰花物语：审美·应用·栽培［M］.北京：中国林业出版社，2009.

［3］丁永康.兰海拾贝［M］.成都：四川科学技术出版社，2009.

［4］一茗.生若幽兰［M］.北京：科学技术文献出版社，2008.

［5］紫都，赵丽.郑板桥［M］.北京：中央编译出版社，2004.

［6］赵慧文.郑板桥诗词选析［M］.广州：广东人民出版社，1989.

［7］格里菲思.兰花档案［M］.王晨，张敏，张璐，译.北京：商务印书馆，
2018.

［8］刘清涌，陆明祥.养兰高手独家经验［M］.福州：福建科学技术出版社，
2014.